城市地下管线安全发展指引

郐艳丽 著

中国建筑工业出版社

图书在版编目（CIP）数据

城市地下管线安全发展指引 / 邰艳丽著.—北京：中国建筑工业出版社，2014.5

ISBN 978-7-112-15741-9

I.①城… II.①邰… III.①市政工程－地下管道－安全管理－研究 IV.①TU990.3

中国版本图书馆CIP数据核字（2014）第081386号

本书针对当前城市地下管线安全问题频出的社会现状，详细介绍城市地下管线的基本知识，梳理城市地下管线的管理发展历程与特点，分析城市地下管线安全问题现状与原因，总结国内外城市地下管线相关经验，提出目前城市地下管线安全发展的思路、战略任务、保障措施与行动计划，为各级地方政府解决城市地下管线安全问题提供了多层次的解读与指引。

本书适合相关政府部门工作人员、城乡规划相关从业者以及高校师生阅读参考。

责任编辑：焦　扬
责任校对：陈晶晶　刘梦然

城市地下管线安全发展指引

邰艳丽　著

*

中国建筑工业出版社出版、发行（北京西郊百万庄）

各地新华书店、建筑书店经销

北京京点设计公司制版

环球印刷（北京）有限公司印刷

*

开本：787×960毫米　1/16　印张：11½　字数：165千字

2014年5月第一版　2014年5月第一次印刷

定价：**36.00** 元

ISBN 978-7-112-15741-9

（25590）

前　言

　　道路是城市的"骨架"，建筑物是城市的"血肉"，而各种类型的地下管线是城市的"神经"和"血管"，担负着传送物资、信息、能量的作用，是城市得以正常运转的物质基础，被称为"生命线"，其任何微小损伤都可能导致整个生命系统的瘫痪。因此，城市地下管线的安全运行密切关系着城市安危、国计民生，对于城市的正常运作具有不可替代的作用。

　　随着我国城市化进程的加快，城市规模的不断扩大，管道使用的不断增加，各种地下管线的总量已经十分庞大，地下管线的长度增加相当迅速，但城市地下管线的安全状况却没有引起足够的重视。虽然各种地下管线发生损害而引发的停水、停电、停气、通信信号中断等事故及人员伤亡等事件经常见诸媒体报道，给人民生产生活带来巨大的经济损失，直接影响到人民的日常生活，但其警示作用很快消退，侥幸心理普遍存在。这种局面若不能得到有效控制，将直接影响我国经济的可持续、健康发展和全面建设小康社会目标的实现。

　　由于我国的城市建设以及管理体制等多方面的原因，导致了大部分城市地下管线规划建设、设施运营、安全防控等方面多头管理、无序管理的局面。管线安全发展是一项复杂性工作，必须从我国经济和社会发展全局出发，需要基础信息数据支撑、立法规范、系统管理以及政府、企业与社会之间的密切配合。为防止和减少各类事故，保障人民群众生命和国家财产安全，国家层面已经对管线安全发展工作做出总体部署，按照"安全第一、预防为主"的方针，围绕全面建设小康社会的宏伟目标，提出我国管线安全发展规划的指导思想、目标、主要任务、建设体制与运营机制、规划实施方案。本指引依托 2011 年住房和城乡建设部城乡规划中心委托的"全国城市地下管线安全发展纲要研究"课题，在此基础上拓展形成，通过梳理城市地下管线的分类，总结城市地下管线管理历程，厘清城市地下管线管理流程中的相关机构的工作职能，分析地下管线事故产生的内容和原因，借鉴国内外地下管线管理的相关经验，提出城市地下管线安全发展具体思路。

　　本指引编写过程中，研究生王雪娇、吴梦宸、王飞、郝凯、张军伟参与课题资料收集和进行校对，长春市地下管线建设与改造指挥部任晓强、四平市规划局柴冠以及调研城市南京市、东莞市、深圳市相关部门提供了相关资料，住房和城乡建设部城乡规划中心的张晓军、刘晓丽、徐匆匆给予具体的修改建议，在此一并表示衷心的感谢。

目录

1 绪 论

一、城市地下管线安全发展问题提出

地下管线，是指建设于地下的供水、排水、燃气、热力、供电、通信、交通信号、公共监控、输油、工业物料输送、垃圾气力输送等管线、管沟及其附属设施。城市地下管线是重要的市政公用基础设施，为城市提供水资源、燃气资源、电能、通信服务等基础性资源、能源或服务，仿佛人体的"神经"和"血管"，是城市的生命线，是保障城市运行的支撑载体。近年来，随着城镇化的快速发展，地下管线设施规模越来越大，作用越来越强，提高了城市现代化水平、增强了城市综合承载力。

1. 实践层面

近些年中国城市化快速发展，城市规模不断扩大，城市发展既面临交通、电力、通信、供水、排水、供热、燃气等市政基础设施的建设和增容需要，又面临由于原有的管道升级、线路改道等成为还历史欠账的"刚性需求"而导致的城市地下管线建设速度加快。建设过程中城市地下管线管理也暴露出一些不容忽视的问题：如管线在敷设和管理时各自为政，缺少统一规划；城市每天都在进行建设，城市地下管线每天都在不断更新，但地下管网基本情况不清，施工挖断管线现象不断；对城市地下管线维护重视程度不够，设施投入不足，管网老化泄漏爆炸时有发生；市政管线种类多样，管理部门不同，道路重复开挖，安全隐患突出；管网设防水平低，应急防灾能力脆弱等。这些问题严重制约了城市经济社会发展，影响了人民群众的生活秩序。因此，要实现城市的现代化管理和可持续发展，需要审慎应对新形势下城市地下管线的安全发展问题，理解加强城市地下管线发展建设管理的重要性和紧迫性，认识到城市地下管线的安全发展具有维护社会公平、保障社会稳定和构建安定和谐社会的重要意义。

2. 理论层面

地下管线具有种类多、分布面广、隐蔽性强等特点，其空间布置受道路用地红线宽度和地下空间资源条件的制约。目前我国城市地下管线单项规划、建设、管理行业标准相对完善，但随着城市地下管线综合管理技术不断提高、管理领域不断拓展，城市地下管线综合规划、建设、运营管理工作已经形成一个跨专业领域、多学科相对独立的新行业[1]。但这一领域的基础理论与专业资料处于基本空白的状态，地下管网综合管理缺乏基础理论支撑和相关标准，无法指导社会实践。城市地下管线的安全管理最基本的属性不只是技术性，更是政策性，而技术性是支撑政策性的基础[2]，如何实现地下管线的科学管理是国家及各级政府面临的长期而艰巨的任务之一。因此必须充分认识到加强城市地下管线管理的重要性和紧迫性，加强对城市地下管线综合管理相关问题与内容的研究，提高管理的理论与实践水平。

二、城市地下管线安全发展研究的目的与内容

1. 研究目的

本书从我国城市地下管网规划、建设与管理现状入手，梳理城市地下管线的定义及相关理论，学习发达国家先进的管线综合管理工作经验，总结城市地下管线管理的工作思路，完善我国城市地下管线管理法律法规和相关规范，理清城市地下管线管理流程中的相关机构的工作职能，整理城市地下管线相关工作的支撑学科理论，以建立空间运行秩序，推进我国城

---

[1] 林广元.我国城市地下管线行业现状与发展前景展望[EB/OL]，2012[2012-01]. http://www.docin.com/p-486079357.html.

[2] 肖智博.我国城市规划社会功能的影响因素分析[J].城市建设理论研究，2012（1）

市地下管线综合管理工作，保障管线运营安全，提升城市可持续发展的保障能力。

研究城市地下管线安全发展主要有以下几方面目的：

（1）保障城市安全运营

保障城市安全的根本是保障城市居民的生命安全和财产安全，地下管网的安全运营要涵盖满足使用（容量负荷、管线安全）、没有破坏（没有坏点、没有破坏源）、没有损坏（完好无损、质量安全）、没有隐患（保护范围清晰、应变措施）、减少事故（无中断、无损失、无伤亡）等工程安全层面，要满足城市防灾、减灾与保障安全的需要。

（2）提升城市发展能力

城市基础设施支撑城市的运行，随着城市规模的不断扩大，城市基础设施需要具有较强的扩容能力（布局合理、容量预留）、防灾能力（安全措施、预警装置）、减灾能力（人员队伍、设施装备、制度）和应急能力（人力、财力、物力、制度），为城市的健康、快速、可持续发展提供支撑。

（3）规范运行管理机制

地下管线的安全管理对象包括各类地下管线实体及空间分布，规范运行管理机制包括完善地下管线综合布局和管理框架，构建地下管线综合运营体制和运行规则，通过各种管理手段实现城市地下管网的合理布局和安全、规范、有序运营。

（4）完善法律规范标准

法律法规是城市地下管线管理实施的基础，应在掌握我国各类管线管网规划管理相关法律法规的基本原则精神的基础上，结合我国实际，对我国地下管线安全运营管理中亟待解决的重点问题予以明确，在立法中明确城市地下管线的管理体系和执法主体，建立地下管线规划、建设与管理的程序，规范各责任主体的行为，明确对违法行为进行处罚的措施 [1]，完善地下管线综合规划布局技术规范和施工、建设、管理运营规范，

---

[1] 刘贺明.城市地下管线规划、建设和管理相关问题思考[J].城市管理与科技，2009（2）：30-31.

使我国地下管线安全管理有法可依，切实保障城市地下管线安全运行，从而促进我国城市地下管线建设健康快速发展，提升城市的可持续发展能力。

2.研究内容

城市地下管线综合管理系统包括管理内容和管理方法（图1-1）。管理内容从系统性角度来看包括地下管线对象实体和其承载的空间载体，目前我国单项地下管线的规划、建设和管理运营技术已经相对成熟，但地下管线的综合管理方法（包括管理平段、管理工具）即在平面和立体空间之间的相互协调机制并未有效建立，因此从综合性、系统性角度梳理管理方法，包括管理手段和管理工具，以达成社会共识，明确管理目标，普及安全知识，执行规章制度，促进地下管线健康发展。

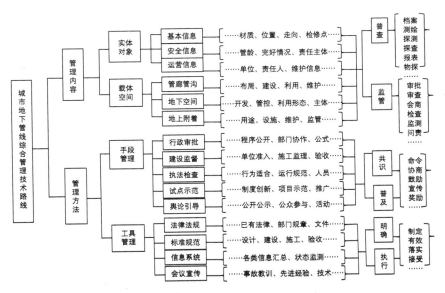

图1-1 城市地下管线综合管理内容

三、城市地下管线的分类与主要构成

城市地下管网是城市基础设施中的生命线，有"地下神经"之称，城市地下管线属性复杂，种类繁多，按照功能分为给水管网、排水管网、燃气管网、供热管网、电力管网、电信管网、工业管线和其他管线8大类。每一类管网都由管线段和附属设施组成，呈树状、环状或辐射状，形成一个系统，系统的各组成元件相互影响，共同发挥作用[1]。地下管线按照敷设方式分为直埋敷设和管沟敷设，按照覆土深度分为浅埋和深埋，按照输送方式分为压力管道和自流管道，按照输送距离分为长途输送管道和短途输送管道。

1. 供水管线

（1）定义与用途

向不同类别的用户供应满足需求的水的管网系统[2]。

（2）分类

供水管线按用途分为生活用水供水管网系统、工业生产用水供水管网系统、市政消防用水管网系统；

按管网系统构成方式分为统一给水系统、分质供水系统、分区给水系统、分压给水系统、循环和循序给水系统、区域性给水系统；

按输水方式分为重力输水管网系统、压力输水管网系统；

按照水源的数量分单水源供水管网系统和多水源供水管网系统。

（3）供水管网系统组成

供水管网系统由输水灌渠、配水管网（附属设施）、水压调节设施（加压泵站）、水量调节设施（清水池、水塔）等构成，简称输配水系统。根

---

[1] 靳敏，郁宇.地下管网虚拟现实系统的构建[J]. 黑龙江工程学院学报，2008(4)51-54.

[2] 严煦世，刘遂庆.给水排水管网系统（第二版）[M]. 北京：中国建筑工业出版社，2008.

据管线在整个供水管网中所起的作用和管径的大小，给水管可分为主干管、干管、支管、分配管和接户管。输水给水管网的布置形式主要分为树枝状管网和环状管网。

（4）特点

供水管网具有水量传输、水量调节和水压调节的功能，具有一般网络系统的分散性、连通性、传输性、扩展性等特点[1]。

树枝管网的特点是给水管网从水厂至用户的形态呈树枝状。这种布置形式的特点是结构简单、管线总长度短，但给水的安全可靠性相应较低，适合小城市建设初期采用，可逐渐改造形成环状管网。

环状管网的特点是管网系统中的管线相互联结串通，如果某条管线出现问题，网络中的其他环线可以迂回供水，因此网络的给水安全可靠性较强，城市尽可能采用这种管网布局方式。

2. 排水管线

（1）定义与用途

对雨水、废水进行收集、输送和处理的管网系统。

（2）分类

排水管线按用途分为生活污水排水管线、工业废水排水管线和雨水排水管线。

（3）排水管网系统组成

排水管网系统包括污废水（雨水）收集系统、排水管网、水量调节池、提升泵站和排放口等。排水管网一般为重力流，管径较大，分为支管、干管、主干管。排水管网设置检查井、雨水井、溢流井、跌水井、水封井、换气井、截流井等附属构筑物及流量检测设施，地势低洼地带需采用泵站提升排水。生活污水、工业废水和雨水可以采用同一个排水管网系统排出，称为合流制；也可以采用两个或者两个以上相互独立的排水管网系统排出，称为分

---

[1] 严煦世，刘遂庆.给水排水管网系统（第二版）[M].北京：中国建筑工业出版社，2008.

流制。合流制分为直排式合流制和截留式合流制；分流制分为完全分流制、不完全分流制和混合式分流制。从环境保护、经济成本和管理维护等方面各有利弊，需要因地制宜地确定排水体制。

（4）特点

排水管网系统性极强，对地形条件要求高，以重力流为主，在地形不允许时，压力提升后仍采用重力流；排水管网在重力流情况下可采用明渠或暗渠进行排水。

排水管网在排水管道交汇、转弯、管径或坡度改变、跌水处以及直线管段上每隔一定距离需设置检查井，管道附属构筑物数量多，管理、维护复杂。

排水管网管径较大，城市道路下一般排水管道的最小管径为 DN300，雨水干管的管径可达 DN2000。

3. 燃气管线

（1）定义与用途

指符合规范燃气质量要求的，供给居民生活、商业和工业企业生产作燃料用的，公用性质的燃气[1]。一般包括天然气、液化石油气和人工煤气（简称煤气）。

（2）分类

根据使用性质分为长距离输气管线、城市燃气管道、工业企业燃气管道；

根据敷设方式分为地下燃气管道、架空燃气管道；

根据输气压力分为低压燃气管道、中压燃气管道（B、A）、次高压燃气管道（B、A）、高压燃气管道（B、A）。

（3）燃气配气系统构成

燃气配气系统构成由城市门站、不同压力等级（低压、中压、次高压、

---

[1] 城镇燃气设计规范（GB 50028—2006）[S]. 北京：中国标准出版社，2006.

高压）的燃气管网及附属设施、调压设施（调压站、调压箱）、储气设施、管理设施、监控系统等组成。

（4）特点

城镇燃气管道按输送燃气压力分为7级：低压燃气管道、中压 B 燃气管道、中压 A 燃气管道、次高压 B 燃气管道、次高压 A 燃气管道、高压 B 燃气管道、高压 A 燃气管道，具体管道压力见表1-1。

中压和低压燃气管道宜采用聚乙烯管、机械接口球墨铸铁管、钢管或钢骨架聚乙烯材料复合管，次高压燃气管道应采用钢管，低下次高压 B 燃气管道也可采用钢号 Q235B 焊接钢管。地下燃气管道不能从建筑物和大型构筑物底部穿越。高压燃气管道采用的钢管和管道附件材料根据管道的使用条件、材料的焊接性能等因素经技术经济比较确定，管道附件不得采用螺旋焊缝钢管制作，严禁采用铸铁制作。

城镇燃气输送压力（表压）　　　　　　　　　　　表 1-1

名称		压力（MPa）
高压燃气管道	A	$2.5 < P \leqslant 4.0$
	B	$1.6 < P \leqslant 2.5$
次高压燃气管道	A	$0.8 < P \leqslant 1.6$
	B	$0.4 < P \leqslant 0.8$
中压燃气管道	A	$0.2 < P \leqslant 0.4$
	B	$0.005 < P \leqslant 0.2$
低压燃气管道		$P \leqslant 0.01$

资料来源：城镇燃气设计规范（GB 50028—2006）[S]. 北京：中国标准出版社，2006

由于具有易燃、易爆的特点，燃气在储存、输送过程中容易发生火灾、爆炸，造成人员伤亡、财产损失。

4. 热力管线

（1）定义与用途

热力管线又称热力网，是指由热源向热用户输送和分配供热介质的管线系统，又指集中供热条件下用于输送和分配载热介质（蒸汽或热水）的管道系统。将锅炉生产的热能，通过蒸汽、热水两类热媒输送到室内用热设备，以满足生产、生活的需要。

（2）分类

按载热介质分为蒸汽管网和热水管网。

按使用功能和结构层次分为主干热网和分配热网。主干热网是连接热源与区域热力站的管网，又称为输送管网或一级管网。分配热网以热力站为起点，把热媒输配到各个热用户的热力引入口处，又称为二级管网。

按布置方式分为地下敷设和架空敷设。

（3）供热输配系统组成

供热输配系统由热源、管网和热力站组成。供热管道一般采用直埋方式敷设，管道根据其输送介质采用相应的预制直埋保温管，附件宜采用配套的预制直埋保温产品。管道在充分利用弯头等自然补偿能力的条件下，根据有关技术规定设置必要的补偿装置。热力网系统采用枝状布置，以热电厂、供热厂为中心，联网向四周敷设，敷设方式以地沟为主，高架为辅，按规定布置在城市南北道路的东侧，东西道路的南侧。

（4）特点

供热系统通过供热管道将热源与用户连接起来，将热媒输送到各个用户，实现城市集中采暖和生产用热需求。

锅炉和供热管线长期在受压、受热、腐蚀、负荷波动等情况下运行，具有事故率较高、事故后果较为严重的特点[1]。

---

[1] 李新建. 基于故障树分析法的蒸汽锅炉缺水爆炸事故分析[J]. 管理观察，2009（27）.

5. 电力管线

（1）定义与用途

城市电力管线由城市输送电网与配电网组成。城市输送电网含有城市变电所（站）和从城市电厂、区域变电所（站）介入的输送电线路等设施。城市变电所通常为大于 10kV 电压的变电所。城市输送电线路以架空线为主，重点地段等用直埋电缆、管道电缆等敷设形式。输送电网具有将城市电源输入城区，并将电源电压接入城市配电网的功能。

（2）分类

按照电压等级输电线路包括超高压、高压、中压和低压四类。城市电力网电压等级分为四级：送电电压包括 500kV、330kV、220kV 三种，高压配电电压包括 110kV、66kV、35kV，中低压配电电压 10kV，低压配电电压 380/220V。

按照电力线路敷设方式分为架空线路和地下电缆线路两类。

（3）供电输配系统组成

城市配电网由高压、低压配电网组成。高压配电网电压等级为 1 ~ 10kV，含有变配电所（站）、开关站、1 ~ 10kV 高压配电线路。高压配电网具有为低压配电网、配电源以及直接为高压用电户送电等功能。高压配电线路通常采用直埋电缆、管道电缆等敷设方式。低压配电网电压等级为 220V ~ 1kV，含低压配电所、开关站、低压电力线路等设施，其具有直接为用户供电的功能。城市道路电力供给还包括路灯和信号灯系统。

（4）特点

城市架空电力线路应根据城市地形、地貌特点和城市道路网规划沿道路、河渠、绿化带架设。路径做到短捷、顺直、减少同道路、河流、铁路的交叉，满足防洪、抗震要求。高压电力管线存在巨大的高频磁场，会导致生命死亡，酿成重大安全事故，因此城市高压架空电力线路设置安全走廊，具体宽度见表 1-2。地下电缆线路的选择应根据道路网规划，与道路走向相结合，并保证地下电缆线路与城市其他市政公用工程管线间的安全距离；经技术经济比较后，合理且必要时，宜采用地下共同通道 [1]。

35 ～ 500kV 高压架空电力线路规划走廊宽度　　　　表 1-2

线路电压等级 (kV)	高压走廊宽度 (m)	线路电压等级 (kV)	高压走廊宽度 (m)
500	60 ～ 75	60、110	15 ～ 25
330	35 ～ 45	35	12 ～ 20
220	30 ～ 40		

资料来源：城市电力规划规范（GB 50293 – 1999）[S]. 北京：中国标准出版社，1999.

6. 电信管线

（1）定义与用途

电信管线指电信管道和电信线路，电信线路指用来携带、输送、传递模拟或数字信息数据的物理媒介（如通信电缆、光缆、无线电波等），电信管道指用来保护电线线路的工程管道。

（2）分类

工程上的电信管线主要包括电话、数据通信、有线广播，有线电视等。国内三大电信运营商包括中国移动、中国电信和中国联通，铁通、网通近些年发展迅速，同时还有电力通信、交通监控、电子警察、军用光缆、公安通信、有线电视等特殊线路。移动通信一般采用无线电通信方式，并没有固定的传输线路或物理管道，而是表述为信号覆盖区域。

（3）电信管线系统组成

电信管线系统主要由区段通信、干线通信和移动通信三部分组成。

---

[1] 城市电力规划规范（GB50293–1999）[S]. 北京：中国标准出版社，1999.

（4）特点

电信管线传输信号包括模拟信号、数字信号，易受电磁干扰，需避开变电站、高压走廊等复杂电磁环境。电信管线传输媒质多样，包括双绞线、大对数电缆、同轴电缆、光纤等。

电信管线属于非承压、非重力流浅埋管线，管线敷设不需考虑城市地势高低，仅需保证规范埋深要求和管道自然坡度到人孔井即可。电信管道一般采用混凝土管、钢管、玻璃钢管、UPVC 管等，组合形式包括圆管、梅花管、多孔格栅管和组合型等。

电信主干管道敷设主干线路、中继线路、长途线路、专用线路，一般采用局向用户敷设采用环状、网型、星型、复合型、建设方式、总线型等网络结构形式及属性结构和管控逐渐递减方式。新设局所宜设电缆的主干线路长度一般不超过 2km，超过 2km 以上采用光缆。配线管道采用敷设建设方式，一般采用 12 孔以下塑料管。广播电视线路敷设可与通信电缆敷设同管道，也可与架空通信电缆同杆架设敷设。

电信管道运营模式分为由地方政府成立管道公司统一建设及经营电信管道模式、电信企业各自为政自行建设电信管道的模式、电信运营企业联合建设电信管道的模式[1]。

7. 工业管线

（1）定义与用途

工业管线是工矿企业、事业单位为生产制作各种产品过程所需的工艺管道、公用工程管道及其他辅助管道。工业管道广泛应用于石油、天然气、石油化工、化工、市政、冶金、有色金属、动力、机械、航天航空、轻工等各行各业中，主要工业管线包括氢、氧、乙炔、石油等输送管线。

（2）分类

工业管道按介质压力分为真空管道、低压管道、中压管道、高压管道

---

[1] 吴钟骁. 浅谈电信管道的建设模式[N]. 人民邮电报，2003-09-04（003）.

四级；按介质温度分为常温、低温、中温、高温管道；按管道材质、温度、压力综合分为碳钢、合金钢、不锈钢、铝及铝合金、钢及钢合金管道；按工业用水使用程度分为源水管道、重复用水管道、循环用水管道；按制造工艺及所用管坯形状不同而分为无缝钢管（圆坯）和焊接钢管（板，带坯）两大类。

（3）特点

与长输管道、公用管道相比较，工业管道是压力管道中工艺流程种类最多、生产制作环境状态变化最为复杂、输送的介质品种较多与条件均较苛刻的压力管道，此外，还具有输送压力、温度高的特点，也是压力管道中分类品种级别最多的一种。工业管道一般设置于工厂与各种站、场等工业基地中，尽管操作条件复杂、环境条件苛刻，但管理比较集中，相对市政基础设施管道而言更易于控制与管理 [1]。

---

[1] 工业管道设计[EB/OL]. 2010–11–26. http://www.docin.com/p–634027734.html.

2 城市地下管线管理研究

一、地下管线发展历程

1. 1978 年前

　　1949 年新中国建立以后，为了走向繁荣富强，我国开始了与其他国家截然不同的工业化道路——非城市化的工业化。苏联规划的"生产观点"与新中国成立以后提出的"变消费城市为生产城市"的政治口号相结合，"重生产、轻消费，先生产、后生活"的规划思想和做法使中国城市发展的"生产性"更加突出，主要恢复、扩建、新建了一些工业，整治城市环境，因此这一时期地下管线建设主要是满足基本需求的供水、排水和供电设施。由于不计城市客观条件发展工业以及市政设施的投资日益减少，造成供水、用电紧张，到 1978 年每万人只有城市道路 3 公里，地下管线建设速度异常缓慢。一些旧城如长春、哈尔滨、沈阳、四平等东北地区城市仍利用日伪时期留下的较小管径的给水、排水管线。以四平市为例，市区地下供水管网始建于 1931 年，目前管网总长为 265.67 公里，其中日伪时期建设的管网为 48.6 公里，改革开放前建设的管网为 65.1 公里 [1]。从管理机构而言，解放之初我国并没有设立专门的计划或规划部门，而是在中央和地方政府的财经委员会中设置了具有计划（规划）职能的内设机构，当时这种模式比较有利于城市规划工作的开展。城市建设的管理机构最早是 1952 年建筑工程部设立的城市建设局，主管城市建设工作。1955 年该局改为国家城市建设总局，为国务院直属机构。1956 年撤销城建总局，设立了城市建设部，而城市建设的计划职能由国家计划委员会基本建设联合办公室城市建设组负责统管，这是我国城市规划史上第一次大的职能分离，这种政府行政体制上的人为分置从制度上确定城市规划只能是一种技术性工作的基调，规

---

[1] 资料来源：四平市规划局

16

划的政策性被人为地分离^[1]。

划的政策性被人为地分离 [1]。1966 ~ 1976 年期间建工部撤销，城市规划被迫暂停执行，人员被遣散，在多年无规划的状态下城市自行发展，这给城市带来了极大的混乱。文物遭到大量破坏，房屋压在城市各类市政干管上，造成自来水被污染，煤气管道泄漏，绿地被占，严重恶化了城市的环境，破坏了城市建设的秩序，对城市健康发展造成了长期难以克服的影响，也为之后的城市规划建设带来了极大的矛盾和困难 [2]。

2. 1978 ~ 2000 年

随着经济的发展，城市人口剧增，使得城市的基础设施严重不足，城市拥挤、破旧、脏乱差现象突出。1978 年举行全国城市工作会议，经党中央批准印发的中共中央 [1978]13 号文件《关于加强城市建设工作的意见》要求"城市规划要有严格的审批手续。中央直辖市、省会及 50 万人口以上大城市的总体规划，报国务院审批"。1979 年中央批准成立国家建设总局，下设城市规划局，负责全国的城市规划工作。1980 年 5 月，国家建委转发国家城市建设总局《关于加强住宅建设工作的意见》，要求城市政府致力于基础设施和居民住房的建设。1980 年 10 月在北京召开的全国城市规划工作会议中明确提出"市长的主要职责应该是规划、建设和管理好城市"，市政府将城市基础设施建设列入议程。1980 年 12 月，国家建委出台《城市规划编制审批暂行办法》，第九条总体规划内容明确规定应包括给水、排水、防洪、电力、电讯、煤气、供热等基础设施内容。虽然如此，80 年代初我国城市地下基础设施仍然十分薄弱，城市地下管线建设种类少、规模不大、资料缺失。1980 年的《城市建设年报》统计资料中对城市地下管线的记载仅限于自来水管道、城市人工煤气、城市天然气和下水道管道的长度。1980 年全国城市中总计供水管道长度 42859 公里，其中北京 3272 公里、天津 1950公里、上海 2318 公里。1980 年全国大城市供气、供水管道统计见表 2-1。

[1] 石楠. 试论城市规划社会功能的影响因素——兼析城市规划的社会地位[J]. 城市规划，2005，8：9-18.
[2] 董光器. 首都规划建设的第二个春天——北京城市规划建设20年回顾[J]. 城乡建设，1999，11：12-13.

1980 年全国大城市供气、供水管道统计表　　单位：公里（km）　表 2-1

地区 项目	供水管道长度	城市人工煤气管道长度	城市天然气管道长度	下水道长度
全国	42859	4698	921	21860
北京	3272	429		1423
天津	1950		223	1116
河北	1769			1140
山西	999			462
内蒙古	712			511
辽宁	8653	2079	383	2998
吉林	1548	345		929
黑龙江	1225	55		698
上海	2318	1414		1370
江苏	3165	174		1650
浙江	987			727
安徽	874	95		400
福建	79			370
江西	695			460
山东	1679			1068
河南	1702		10	1000
湖北	1463			933
湖南	1167			634
广东	2514			1119
广西	423			339
四川	1830	98	305	891

地区 \ 项目	供水管道长度	城市人工煤气管道长度	城市天然气管道长度	下水道长度
贵州	366			255
云南	665			235
西藏	8			8
陕西	936			509
甘肃	272			292
青海	240			67
宁夏	184			75
新疆	444			181

　　1982 年全国人大正式批准国家建委、国家建工总局、国家建设总局等单位合并成立城乡建设环境保护部。原属于国家城市建设局的有关国土规划的职能被转移到国家计委。1984 年 7 月至 1988 年期间，城市规划局曾经归国家计委和城乡建设环境保护部双重领导，这是符合科学发展规律的一种体制上的创新，可惜与当时的行政体制存在较大冲突，没有延续下来[1]。1986 年，为了加强耕地保护，国家成立了土地管理局，将属于城乡建设环保部的城市土地管理职能和属于农业部的农业用地管理职能集中起来，国家土地局成为国务院负责全国土地、城乡地政统一管理的职能部门和行政执法部门。这次调整形成了城市规划职能的第二次分解，城市规划的政策性再次被削弱。城市规划走向一种指导城市建设的技术性轨道，城市规划既不能掌控城市建设的投资（即不能掌控工程的立项），又不能独立决定城市土地资源，其政策性职能所剩无几，剩下的更多的是技术性内容[2]。1988

---

[1] 石楠.试论城市规划社会功能的影响因素——兼析城市规划的社会地位[J]. 城市规划，2005，8：9–18.
[2] 石楠.试论城市规划社会功能的影响因素——兼析城市规划的社会地位[J]. 城市规划，2005，8：9–18.

19

年 3 月该部改名为建设部，变直接管理为主为间接管理为主，变注重部门管理为注重行业管理，变注重微观管理为注重宏观管理，变较"实"的管理为较"虚"的管理，着重抓全国有关建设的方针政策、法规条例、统筹规划、技术进步、智力开发、国际合作、监督检查。

1984 年 1 月颁布的《城市规划条例》规定城市规划综合部署城市经济、文化、公共事业及战备等各项建设，保证城市有序、协调地发展，专项规划中增加了环境保护、防震抗震、防洪防汛内容，强调城市基础设施对于城市经济社会和城市发展建设的重要性，要发挥城市规划对城市基础设施建设的指导作用，城市基础设施规划第一次得到重视。1989 年 12 月颁布的《城市规划法》强调加强基础设施和公共服务设施建设，提高城市的综合功能（第二十七条），规定城市规划确定的城市基础设施建设项目，应当按照国家基本建设程序的规定纳入国民经济和社会发展计划，按计划分步实施（第六条）。

受制于探测科学技术以及探测仪器的发展水平，地下管线的测量、统计、绘图、检修工作十分困难。20 世纪 80 年代初期，开展地下管线普查主要靠地面测绘，对于隐埋于地下的管线，通常采用的方法就是开挖样洞来检验地下管线的分布。这种方法成本高、效率低，并且严重影响交通 [1]。当时的地下管线数据通常以图、表、卡等形式保存。

进入 90 年代，城市经济实力提升，城市建设步伐不断加快，国家对城市基础设施的建设有了更多的投入，地下管线的种类因而不断增加。城市地下管线所承担的功能、建设的密度、建设规模、管线的技术含量都在迅速提高。1990 年，国家在公用设施建设固定资产中与地下管线工程相关的投资达到了 41.1658 亿元，其中供水 17.1258 亿元，燃气 14.6337 亿元，集中供热 3.9278 亿元，排水 5.4785 亿元，这些投资中相当一部分都直接用在地下管线的建设上。在此背景下，1990 年全国城市下水道总长度达到 57787 公里，普及率达到 61.5%，供水管道当年新增生产能力（或效益）

[1] 杨伯钢，张保钢，陶迎春等.城市地下管线数据建库与共享应用[M].北京：测绘出版社，2011.

1215 公里，排水管道当年新增生产能力（或效益）603km[1]。

　　1991 年 9 月在北京召开第二次全国城市规划工作会议，提出要全面贯彻落实《城市规划法》，同年建设部通过了《城市规划编制办法》（1991），对城市规划中市政基础设施规划起到了有力的推动和规范化作用。20 世纪 90 年代以后我国城市建设拓展主要是以开发区、新区建设为主要特征，伴随招商引资、经营城市背景下城市基础设施随着土地一级开发同步进行，一般以"七通一平"为前提，因此政府承担了绝大部分市政管线及管沟管廊的投资，并在建成后汇交给相应的运营主体免费使用。如给水管和排水管汇交给自来水公司，电缆沟汇交给供电局，通信管沟汇交给电信公司，燃气管道汇交给燃气集团。

　　20 世纪 90 年代初有部分单位采用计算机辅助管理资料，但是仍旧无法摆脱传统的档案资料管理模式。90 年代中期开始，全国各大城市开始地下管线信息管理工作，电磁探测技术被逐步引入到地下管线的检测普查当中，并成为当时地下管线普查的主要技术手段[2]。同时图形化的操作系统、地理信息系统和数据库技术的发展为地下管线资料管理提供了保障。通过对地下管线普查，人工获取管线数据进行管理。由于信息化程度低、标准未统一且没有较好的管理办法，以致"旧账未清、又欠新账"，致使中国绝大多数城市没有全面、准确的地下管线综合图或数据库，地下管线信息不能满足日益发展的城市建设的需求：还有近 2/3 的城市没有开展地下管线普查，60% 没有基础性的地下管线档案资料，对已有地下管线未及时进行普查和建档，新增地下管线未及时建档入库和未按规定进行竣工测量[3]。由于传统的档案管理方式效率低、不现实、不全面、不准确，影响交换、服务与共享，形成"信息孤岛"。为了统一城市地下管线探查、测量、图件编绘和信息系统建设的技术要求，及时准确地为

---

[1] 城市建设年报，1990.

[2] 中国城市规划协会地下管线专业委员会.我国城市地下管线行业现状与发展趋势[M/OL]. 2007[2010-09-03]. http://www.jdinfo.com.cn/chnews/user/view.asp?news_id=260.

[3] 李学军，魏瑞娟.城市地下管线安全运行管理的有效途径[J]. 城市勘测，2009（z）：6-9.

城市的规划、设计、施工、建设以及管理提供各种地下管线现状资料，保证探测结果的质量，保障地下管线的安全，建设部组织有关单位编制了中华人民共和国行业标准《城市地下管线探查技术规程》CJJ 61—94，于 1994 年 12 月 5 日批准发布，1995 年 7 月 1 日起正式施行，并于 2003 年更新修订了该规程，从而使地下管线的探测技术不断走向规范化、标准化和现代化。

1998 年，经全国人民代表大会批准的国务院机构改革方案和《国务院关于机构设置的通知》（国发 [1998]5 号）设置建设部，是负责建设行政管理的国务院组成部门。其主要职能包括：研究拟定城市规划、村镇规划、工程建设、城市建设、市政公用事业的方针、政策、法规以及相关的发展战略、中长期规划并指导其实施；指导全国城市规划、村镇规划、城市勘察和市政工程测量工作；负责国务院交办的城市总体规划和省域城镇体系规划的审查报批；参与土地利用总体规划的审查；管理城市建设档案等。1998 年机构改革之后，原本属于城市规划的一些综合性职能被分散到国家发改委、建设部及国土资源部。政府的规划职能被分解在不同的部门，部门之间有分工，也有交叉和重复。在这种制度安排下，城市规划的社会功能受到极大的制约，城市地下管线规划所发挥的应有的调控作用也受到了影响。2008 年开始的机构改革，国家将建设部撤销，重新建立了住房和城乡建设部，然而对于城市地下管线规划管理并没有做出实质性的调整 [1]。也因此住房和城乡建设部沿袭以往对全国城市地下管线的建设起到的仅仅是技术引导作用。

到 90 年代末期，全国在公共设施中供水、燃气、集中供热、排水这四个专项的财政性支出达到了 307.1405 亿元，城市排水管道密度达到了 6.25 公里 / 平方公里，1999 年全国城市市政管道设施建设施工规模和新增生产能力（或效益）得到极大的提高（表 2-2）。

---

[1] 熊国跃，唐锦. 我国城市地下管线规划管理现状分析——从基于公共管理的视角[J]. 城建档案，2011，3：10-16.

全国城市市政管道设施建设施工规模和新增生产能力（或效益）情况表　表2-2

指标名称	计量单位	本年施工		本年新开工		本年新增生产能力（或效益）	
		基建	更改	基建	更改	基建	更改
供水管道长度	公里（km）	4358.6	1422.5	3317.1	1027.1	3449.7	890.2
人工煤气供气管道长度	公里（km）	1831.6	627.8	1422.9	278.3	1291.4	293
天然气供气管道长度	公里（km）	1356.7	207.5	1089.7	101.5	1130.4	99.9
集中供热管道长度（蒸汽）	公里（km）	229.9	73.1	237.2	71.1	218.6	70.8
集中供热管道长度（热水）	公里（km）	845.2	195.9	833.1	193.9	744.4	195.5
排水管道长度	公里（km）	3602.5	716	3094.1	530.6	2899.3	479.4

资料来源：2000年《中国城乡建设统计年鉴》

3. 2000年后

　　进入21世纪，中国进入了加快推进社会主义现代化建设的新的发展阶段，党的"十六大"明确提出全面建设小康社会的目标，十六届三中全会以完善社会主义市场经济体制为目标，提出科学发展观，即坚持以人为本，树立全面、协调、可持续的发展观，促进经济社会和人的全面发展，按照"五个统筹"，即"统筹城乡发展、统筹区域发展、统筹经济社会发展、统筹人与自然和谐发展、统筹国内发展和对外开放"的要求推进各项事业的改革和发展，地下管线建设逐渐被更多的城市所重视。2005年建设部修订了《城市规划编制办法》，建立了红线、蓝线、绿线、紫线和黄线等五线制度。为了加强城市基础设施用地管理，保障城市基础设施的正常、高效运转，保证城市经济、社会健康发展，根据《中华人民共和国城乡规划法》，2005 年配套制定了《城市黄线管理办法》，城市基础设施成为城市规划的强制性内容，并规定县级以上地方人民政府建设主管部门（城乡规划主管部门）应当定期对城市黄线管理情况进行监督检查。2008 年 1 月 1 日《城乡规划法》正式实施，第二十九条规定城市的建设和发展，应当优先安排基础设施以及公共服务设施的建设，第三十四条规定近期建设规划应当以重要基础设施、公共服务设施和中低收入居民住房建设以及生态环境保护为重点内容，从法律层面清晰界定了基础设施的重要地位和作用，明确了城市地下管线规划管理的原则、内容和程序。

城市地下管线规划实施管理，是按照法定程序编制和批准的规划，依据国家和各级政府颁布的城市地下管线规划管理有关法规和具体规定，采用法制的、社会的、经济的、行政的和科学的管理方法，对城市地下管线的建设活动进行统一的安排和控制，保证城市地下管线规划的目标以及城市总体规划的目标得以实现。《中华人民共和国城乡规划法》为我国城市地下管线规划的实施管理体制提供了法定依据，该法还授权省、自治区和直辖市的人民代表大会常务委员会可以依法制定各地的实施细则。目前，我国正处于经济转型的关键时期，政府职能也在发生转变，城乡规划体系也在悄然变革，以适应经济发展的需要。尽管我国各地在城市地下管线规划实施的管理细节方面略有不同，但基本程序是一致的，基本按如下程序实施：一是工程建立依据，主要有工程计划依据、规划依据、法规依据和经济技术依据；二是报建审批，这是城市地下管线规划实施管理的关键程序，是对建设用地和建设工程的超前服务，经受理审查、现场踏勘、征询相关部门意见等环节后，审批下发建设用地规划许可证和建设工程规划许可证；最后城市地下管线规划行政主管部门还必须负责对建设项目规划审批后的检验和监督检查工作，对违法建设行为要依法进行处罚 [1]。

---

[1] 宋志强. 我国城市地下管线规划管理问题研究[D]. 吉林大学，2008.

　　2000 年后，城市地下管线安全事故频发，2010 年 8 月 11 日住房和城乡建设部针对 2010 年 7 月 28 日发生的扬州鸿运建设配套工程有限公司在江苏省南京市栖霞区的原南京塑料四厂旧址，平整拆迁土地过程中，挖掘机挖穿地下丙烯管道，发生爆炸事故，造成了重大人员伤亡和财产损失事故下发《关于进一步加强城市地下管线保护工作的通知》（建质 [2010]126 号）文件，督促各省、自治区住房和城乡建设厅，直辖市建委（建交委）及有关部门，新疆生产建设兵团建设局等曾是地下管线规划建设行政主管部门认真吸取事故教训，加强城市地下管线保护工作，保障城市地下管线安全运行。文件督促各级行政主管政府要充分认识地下管线保护工作的重要意义，切实加强地下管线规划、建设和管理，严格落实工程建设各方主体相关责任，提高地下管线安全应急救援能力，加强监督检查和相关服务工作。地下管线事故频发也给各级地方政府和管线运营单位敲响了警钟，城市地下管线的规划、建设、安全运营管理受到了关注。

　　2000 ～ 2010 年国内供水、燃气、集中供热、排水等四个方面的公用设施固定资产总投资较 2000 年增加了 4.77 倍，年递增 15％，表明当前地下管线的建设正处于平稳高效发展期，但东、中、西三个地区城市投资存在差异，东部仍然最高，西部投资增速则较快（表 2-3）。

2000 ～ 2010 年国内城市公用设施固定资产总投资（供水、燃气、集中供热、排水）单位：万元　表 2-3

年份 地区	2000	2001	2002	2003	2004	2005	2006	2007	2008	2009	2010
全国	4303396	5512762	6557659	8362611	8990829	9561736	9152570	10331292	12245848	16494574	20524174
东部 地区	2656871	3558156	4108259	4974650	5394316	5982857	5665592	6771604	8115971	10514149	13076732
中部 地区	1015041	1229799	1432990	1675330	2234943	2460010	2452220	2307365	3039805	4200376	3766299
西部 地区	631484	724807	1016410	1712631	1361570	1118869	1034758	1252223	1090072	1780049	3681143

数据来源：2001 ～ 2011 年《城市建设年报》

　　根据投资额度折线图（图2-1）可以看到全国城市公用设施固定资产总投资是逐年递增的，东部地区增长最快。

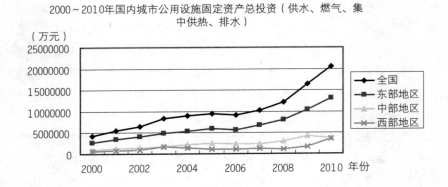

图 2-1　2000 ～ 2010 年国内城市公用设施固定资产总投资变化示意图

　　在这些方面的投资中，相当一部分是直接用于该类目的地下管线建设。2010 年全国在供水、燃气、集中供热、排水等四个方面的公用设施固定资产总投资为 2052.4174 亿元，全国各类地下管线总长度为 1361186 公里，长度比上年增长了 8.48％。全国城市各类管道统计情况如表 2-4 ～表 2-11 所示。全国排水管道的建设密度达到了 9.32 公里 / 平方公里，供水管道密度达到了 13.47 公里 / 平方公里。固定资产投资数据体现了这十年各城市对完善地下管线建设的决心和建设力度，尤其中西部地区发展加快，主要侧重供水、排水等保障型基础设施，如 2010 年西部城市新建供水管道 25606 公里，占全国新增总量的 87.2%（表 2-4），西部城市新建排水管道 18294 公里，占全国新增总量的 71.3%（表 2-5）。东部地区侧重发展供热、燃气等提升型基础设施，如全国城市天然气管道长度 2010 年新增 37651 公里（表 2-6），其中东部、中部、西部分别为 16321 公里、7516 公里、13812 公里，分别占新增总量的 43.3%、20.0%、36.7%。

2000 ~ 2010 年国内城市供水管道长度统计　单位：公里　　　　表 2-4

地区＼年份	2000	2001	2002	2003	2004	2005	2006	2007	2008	2009	2010
全国	254561	289338	312605	333289	358410	379332	430426	447229	480084	510399	539778
东部地区	151651	178200	194839	208146	233266	249109	294077	300461	322617	344168	348857
中部地区	64075	70785	71756	70020	79700	82689	87450	94186	100234	107742	106825
西部地区	38835	40353	46011	55123	45444	47535	48899	52582	57232	58490	84096

数据来源：2001 ~ 2011 年《城市建设年报》

2000 ~ 2010 年国内城市人工煤气管道长度统计　单位：公里　　　　表 2-5

地区＼年份	2000	2001	2002	2003	2004	2005	2006	2007	2008	2009	2010
全国	48384	50114	53383	57017	56419	51404	50524	48630	45172	40447	38877
东部地区	28100	29438	32366	35261	34136	33568	30611	27398	24582	20697	19737
中部地区	16565	16764	16949	16370	18246	13370	14544	15291	14537	13389	11835
西部地区	3719	3913	4068	5387	4038	4465	5369	5942	6052	6360	7305

数据来源：2001 ~ 2011 年《城市建设年报》

2000 ~ 2010 年国内城市天然气管道长度统计　单位：公里　　　　表 2-6

地区＼年份	2000	2001	2002	2003	2004	2005	2006	2007	2008	2009	2010
全国	33655	39556	47652	57845	71411	92043	121498	155251	184084	218778	256429
东部地区	15186	17476	20850	27179	35615	46467	60786	83142	99631	125313	141634
中部地区	4138	5536	6616	7834	10792	19540	27492	32853	41090	49406	56922
西部地区	14331	16544	20186	22832	25142	26036	33219	39257	43363	44059	57871

数据来源：2001 ~ 2011 年《城市建设年报》

2000 ～ 2010 年国内城市液化石油气管道长度统计 单位：公里   表 2-7

地区 \ 年份	2000	2001	2002	2003	2004	2005	2006	2007	2008	2009	2010
全国	7419	10809	12788	15349	20119	18662	17469	17202	28590	14236	13374
东部地区	5898	8933	9885	11916	20878	14525	13894	14720	26183	11943	10787
中部地区	1413	1577	2640	2713	3055	3756	2183	2002	1885	1866	1886
西部地区	108	300	264	720	882	381	392	480	522	426	700

数据来源：2001 ～ 2011 年《城市建设年报》

2000 ～ 2010 年国内城市集中蒸汽供热管道长度统计 单位：公里   表 2-8

地区 \ 年份	2000	2001	2002	2003	2004	2005	2006	2007	2008	2009	2010
全国	7963	9183	10139	11939	12775	14772	14012	14116	16033	14317	15122
东部地区	5269	5904	6672	8164	9485	10879	9462	9938	12037	10253	10855
中部地区	1911	2210	2264	2476	2462	3005	3569	2894	2909	2848	2737
西部地区	783	1069	1203	1299	828	888	954	1273	1087	1216	1530

数据来源：2001 ～ 2011 年《城市建设年报》

2000 ～ 2010 年国内城市集中热水供热管道长度统计 单位：公里   表 2-9

地区 \ 年份	2000	2001	2002	2003	2004	2005	2006	2007	2008	2009	2010
全国	35819	43926	48601	58028	64263	71338	79943	88870	104532	110490	124051
东部地区	18441	24057	26378	32986	36760	41988	46789	54419	67001	67506	75775
中部地区	13044	13374	15103	14895	20718	22061	23646	25028	27656	32043	31353
西部地区	4334	6495	7120	10147	6785	7289	9510	9400	27656	10941	16923

数据来源：2001 ～ 2011 年《城市建设年报》

2000 ~ 2010 年国内城市排水管道长度统计　单位：公里　　　　表 2-10

地区 \ 年份	2000	2001	2002	2003	2004	2005	2006	2007	2008	2009	2010
全国	141758	158128	173042	198645	218881	241056	261379	291933	315220	343892	369553
东部地区	86199	98378	108324	123614	140284	155072	168860	186749	200763	221343	228115
中部地区	37591	39968	42855	42492	49965	54949	59217	68480	74641	80774	81369
西部地区	17969	19782	21863	32540	28633	31035	33302	36704	39816	41775	60069

数据来源：2001 ~ 2011 年《城市建设年报》

2000 ~ 2010 年国内城市各类管道总长度统计　单位：公里　　　　表 2-11

地区 \ 年份	2000	2001	2002	2003	2004	2005	2006	2007	2008	2009	2010
全国	529559	601054	658211	732113	802279	868607	975251	1063231	1191494	1254808	1361186
东部地区	310744	362385	399314	447266	510424	551608	624479	676827	752814	802888	838592
中部地区	138737	150214	158183	156799	184939	199370	218101	240734	262952	288445	293345
西部地区	80079	88455	100715	128047	111751	117629	131645	145638	175728	163475	229246

数据来源：2001 ~ 2011 年《城市建设年报》

　　根据 2000 ~ 2010 年间全国以及各地区管线总长度变化折线图（图 2-2）可以看出全国东部地区管线总长度增长最快，中西部处于稳步增长的态势。

　　对比十年里国内对各类公共设施的投资力度以及全国各地区地下管线的总长度，分析可看出国家对公共设施固定资产的大力投资有效促进了地下管线的建设发展。这期间地下管线各种类也有了更细的分工，如在 2009 年的《城市建设年报》统计数据里，出现了新的管道种类——再生水管道，这类管道在之前的统计年鉴中均未出现过。近几年中小城市也开始大规模系统地进行地下管网建设，管道建设速度加快（表 2-12），以四平市为例，2009 ~ 2011 年 3 年内新增城市地下给水管线 40 公里，排水管线 20 公里，天然气管线 53 公里，供热管线 61 公里，通信管道 28 公里 [1]。但总体而言市政管线建设水平和投资仍然是大城市最多，中等城市有较大的上升趋势，小城市仍然处于较低水平（表 2-13 ～表 2-16）。

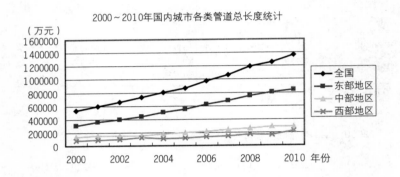

2000～2010年国内城市各类管道总长度统计

图 2-2　全国及各地区管线总长度变化情况示意图

2010 年大中小城市分类管道长度统计　单位：公里　　表 2-12

	供水管道	供热管道（蒸汽）	供热管道（热水）	排水管道	再生水管道	煤气管道	天然气管道	液化气管道	总计
大城市	366240.00	9438.00	90665.00	248792.00	3208.00	30741.00	196077.20	7466.00	952627.20
中等城市	109461.00	4182.00	21685.00	80368.00	386.00	5594.00	49883.00	4038.00	275597.00
小城市	61995.00	1493.00	11701.00	40393.00	408.00	2383.00	17646.20	1879.00	137898.20
总计	537696.00	15113.00	124051.00	369553.00	4002.00	38718.00	263606.40	13383.00	1366122.40

数据来源：2011 年《城市建设年报》

[1] 资料来源：四平市规划局

2010 年大中小城市建成区各类管道密度统计　　单位：公里／平方公里　　表 2-13

	供水管道	供热管道（蒸汽）	供热管道（热水）	排水管道	再生水管道	煤气管道	天然气管道	液化气管道	所有管道密度
大城市	13.73	0.35	3.40	9.33	0.12	1.15	7.35	0.28	35.72
中等城市	11.65	0.45	2.31	8.55	0.04	0.60	5.31	0.43	29.33
小城市	11.74	0.28	2.22	7.65	0.08	0.45	3.34	0.36	26.12
管道密度	13.00	0.37	3.00	8.94	0.10	0.94	6.38	0.32	33.04

数据来源：2011 年《城市建设年报》

2010 年大中小城市分类管道人均长度统计　　单位：米／人　　表 2-14

	供水管道	供热管道（蒸汽）	供热管道（热水）	排水管道	再生水管道	煤气管道	天然气管道	液化气管道	总管道人均长度
大城市	1.64	0.04	0.41	1.11	0.01	0.14	0.88	0.03	4.26
中等城市	1.45	0.06	0.29	1.06	0.01	0.07	0.66	0.05	3.65
小城市	1.79	0.04	0.34	1.17	0.01	0.07	0.51	0.05	3.99
管道人均长度	1.61	0.05	0.37	1.11	0.01	0.12	0.79	0.04	4.09

数据来源：2011 年《城市建设年报》

2010 年中国大中小城市城市维护建设资金支出统计（财政性资金）
单位：万元　　表 2-15

	供水	燃气	供热	排水	总计
大城市	1132578.00	625426.00	1005077.00	3384104.00	6147185.00
中等城市	322171.00	110398.00	279142.00	1826726.00	2538437.00
小城市	296616.00	88000.00	166768.00	622170.00	1173554.00
总计	1751365.00	823824.00	1450987.00	5833000.00	9859176.00

数据来源：2011 年《城市建设年报》

2010 年中国大中小城市市政公用设施建设固定资产投资（按行业）统计

单位：万元　表 2-16

	供水	燃气	供热	排水	总计
大城市	3128051.00	2150628.00	2988220.00	6947172.00	15214071.00
中等城市	816718.00	525107.00	820004.00	1445714.00	3607543.00
小城市	323455.70	232081.00	524231.00	621887.00	1701654.70
总计	4268224.70	2907816.00	4332455.00	9014773.00	20523268.70

数据来源：2011 年《城市建设年报》

随着地下管线建设的不断发展，地下管线的管理技术也在不断进步。2000 年，开始较大规模的地下管线信息化建设，国内许多城市，如广州、厦门、北京、长沙等均先后进行了地下管线信息化研究与建设。2000 年，国内参与地下管线普查的城市共有 18 座，但是由于种种原因，一些城市投入重金建立的地下管线数据库成为"死库"。

为了适应城市地下管线普查和信息系统建设工作的需要，受当时建设部规划司、标准司委托（建设部建标 [2000]284 号），北京市测绘设计研究院组织有关单位，对中华人民共和国行业标准《城市地下管线探测技术规程》CJJ 61—94 进行了修订，规程修订版 CJJ 61—2003 于 2003 年 6 月 3 日发布，2003 年 10 月 1 日生效。新规程的发布促进了城市地下管线信息的标准化、规范化和各项工作的有序化。2000 ~ 2004 年，我国每年开展城市地下管线普查和系统建设工作的城市（区）数量分别为 18 个、11 个、19 个、15 个和 15 个 [1]。2005 年至今，按照科学发展观构建和谐社会和节约型社会的要求，以及城市规划现代化自身建设的需要，城市地下管线作为城市系统的一个重要组成部分，其信息化管理和科学化建设受到高度重视。2005 年 7 月建设部《城市地下管线工程档案管理办法》（建设部 [2005]

---

[1] 我国城市地下管线行业现状与发展趋势[EB/OL]. 2012-05-21. http://www.glltc.com/html/540823379.html.

136 号令）的颁布，有效促进了我国地下管线工程档案的管理，地下管线信息化管理不断加速。2005 年、2006 年我国每年开展城市地下管线普查和系统建设工作的城市（区）数量分别为 24 和 25 个，比前两年同比增长 63%[1]。2000 ～ 2006 年间，按照全面普查、部分普查和未普查三种类别划分，我国直辖市和省会城市中开展地下管线普查和信息系统建设的分别是 18 个、7 个和 6 个，比例分别为 58%、23% 和 19%[2]（图 2-3），但由于认识、资金、技术、体制等原因各大城市还没有从根本上解决地下管线信息综合管理和动态管理问题。

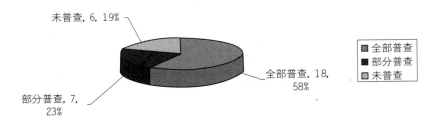

图 2-3 我国直辖市和省会城市开展地下管线普查和信息系统建设工作现状

2007 年 3 月 8 日，建设部发布《关于加强中小城市城乡建设档案工作的意见》，开始了中小城市地下管线档案信息化建设。近几年，各城市在地下管线普查之前，一般都在国家行业标准《城市地下管线探测技术规程》的基础上，根据本城的实际编制了地下管线探测、测量（包括竣工测量）、数据分类编码、数据交换、数据质量和格式、成果整理与归档等方面的技

[1] 刘月月，丘柳玉，刘会忠.我国城市地下管线信息化建设三十年历程[N].中国建设报，2008-12-02（002）.
[2] 江贻芳.我国城市地下管线信息化建设工作进展[J].测绘通报，2007，12：1-4.

术标准 [1]、[2]。部分城市开始尝试建设统一的地下管线信息共享平台，地下管线的信息共享成为当前地下管线信息管理技术发展的重要目标。

截至 2010 年，全国约有 30% 的城市开展了城市地下管线信息化工作，仍有近70%的城市还未整体或全面开展地下管线信息化工作 [3]，特别是中小城市和西部一些省份的城市开展比例较低。从我国目前开展地下管线信息化建设的城市来看，也有一些值得探索的问题。例如，城市地下管线信息化建设和城市的发达程度、经济水平成正相关。经济发达的城市地下管线信息化建设的发达程度要远远高于欠发达城市。同时，城市地下管线信息化建设也因地区不同而发展不均衡。大城市和发达地区更重视地下管线信息化建设，而中小城市和欠发达地区对该事业认识不足，启动较晚或还未开展。我国各城市、地区在开展城市地下管线信息化建设的过程中，普遍存在一些问题，例如个别城市、地区缺乏统一的信息化建设规划方案；地下管线信息化建设缺乏相应的法律支撑和规范约束；建立系统之前，未对城市地下管线现状提前进行了解，导致建成的系统存在漏洞；系统建成后未及时更新系统数据，导致数据不完整、不具备时效性。

近几年各城市在地下管线普查之前，一般都在国家行业标准《城市地下管线探测技术规程》的基础上，根据本城市的实际，编制地下管线探测、测量（包括竣工测量）、数据分类与编码、数据交换、数据质量和格式、成果整理与归档、工程监理等方面的技术标准，如深圳、东莞、上海等。部分城市开始尝试建设统一的地下管线信息共享平台，有的已经取得初步成效，如成都市温江区、东莞市。随着法律法规的健全和相关部门对该事业认识的不断提高，城市地下管线信息化建设将逐步走向规范化，管线普查和信息系统技术、信息共享技术将不断完善，城市的地下管线档案管理工作也将不断进步。

---

[1] 洪立波. 积极推进城市地下管线信息化建设[J]. 城市勘测，2007（增刊）：1-4.

[2] 李学军. 我国城市地下管线信息化发展与展望[J]. 城市勘测，2009（1）：5-10.

[3] 江贻芳. 我国城市地下管线信息化建设工作进展[J]. 测绘通报，2007，12：1-4.

二、地下管线发展特性

1. 管线种类繁多

城市地下管线常见的有供水、排水（雨排水和污排水）、燃气、通信、电力、热力等多种，随着科技的发展、城市规模的扩大，以及可利用资源的不断缺乏和节能减排措施的实施，人们又拓展出了中水、网络、垃圾等新的地下管线种类。从一般意义上讲，地下管线种类分为给水（原水、自来水、净水、中水）、排水（雨水、污水、合流）、电信（电缆）、燃气、热力（蒸汽、热水、回水）、工业管线等；从运输方式上讲，管线种类又分光电流管线、压力管线、重力自流管线等。目前我国城市地下管线包括供水、排水、燃气、热力、供电、通信、管沟、工业管线等，共有八大类30多种。以长春市为例，全市大型管线产权单位有17家之多，8大类35小类（表2-17），涉及供水、排水、燃气、供热、供电、通信等行业，除市政排水管线外，均由各产权单位自行建设和管理[4]。

长春市地下管网统计一览表（截至 2011 年底的普查数据）　　表2-17

序号	分类		管线长度（公里）	合计	备注
1	排水	污水管线	1312.4	2459.5	不含住宅区排水设施，估计住宅区排设施量在 4000 公里以上
		雨水管线	1067.1		
		排水明沟	50.3		
		暗渠	29.7		

---

[4] 徐匆匆，马向英，何江龙等. 城市地下管线安全发展的现状、问题及解决办法[J]. 城市发展研究，2013（3）：108-118.

续表

序号	分类		管线长度（公里）	合计	备注
2	燃气	次高压	491.3	3538	
		中压	632.2		
		低压	2414.5		
3	供水	原水	178	2086	不含住宅区，其中输水管线288公里；配水管线1620公里
		输配水	1908		
4	热力	一次网	1125	4039	
		二次网	2914		
5	电力		1905		
6	通信		3220		
7	不明管线		47.6		
8	弱电综合管沟		1.16		
总计				17296.26	

资料来源：长春市地下管线建设与改造指挥部

2. 管线隐蔽性强

由于各种管线大都埋设于地下，埋深从 0.5 米至几十米不等。在小区管道埋设中，雨水管道埋深不小于 1 米，污水管道不小于 1.2 米，给水管一般设置在绿化带，埋深在 0.7 ~ 0.8 米之间。直埋光缆管道根据地质条件不同，分别埋设在 0.8 ~ 1.2 米之间。而根据《城镇燃气设计规范》GB 50028—2006 规定，地下燃气管道（压力不大于 1.6MPa）埋设深度分别为：埋设在车行道下时，不得小于 0.9 米；埋设在非车行道（含人行道）下时，不得小于 0.6 米；埋设在庭院（指绿化地及载货汽车不能进入之地）内时，不得小于 0.3 米。[1]

普通人不利用专有设备很难发现地下管线的存在，只能依靠在地面上间隔很长距离的检查井或维修井来识别。而各类检查井由于间距较大，也难以系统分辨。例如，室外排水的污水检查井依据管径的不同，检查井间距在 40 ～ 120 米之间，雨水排水管的检查井在 50 ～ 120 米之间。具体数据见表 2-18。

雨水排水管道检查井间距表表　　　　　　　　　表 2-18

管径或暗渠净高 （毫米）	检查井最大间距（米）	
	污水的管道	雨水（合流）管道
200 ～ 400	40	50
500 ～ 700	60	70
800 ～ 1000	80	90
1100 ～ 1500	100	120
1600 ～ 2000	120	120

资料来源：徐匆匆，马向英，何江龙等. 城市地下管线安全发展的现状、问题及解决办法［J］. 城市发展研究，2013（3）：108-118.

不同管道差别化的埋深以及间距较远的检查井使得地下管线很难被发现，这也导致了地下管线具有隐蔽性强的特性。

3. 行业网络依赖

市政基础设施行业均属于典型的网络型行业，除垃圾收集和电信无线传输外均拥有无形的枝状收集、传输等物理网络（垃圾收集国内已出现真

---

[1] 徐匆匆，马向英，何江龙等. 城市地下管线安全发展的现状、问题及解决办法[J]. 城市发展研究，2013（3）：108-118.

空网络）。市政基础设施从事网络运营，具有巨大的资本沉没性、规模经济性和范围经济性，提供人们生活所必需的产品[1]。从行业特性角度，首先，市政基础设施行业具有自然垄断产业的基本特征，具有普遍联系性、自然垄断性、强时效性、交易不可逆性、成本递减性、可共享性等特性，必须依托连接千家万户的管道或附属设施实现供应。其中广电行业、供水行业、排水行业、环境卫生（垃圾处理）行业等属于区域性垄断，各地的广电网络企业、供水企业、污水和垃圾处理企业互不隶属，各自独立；广电网络、供水、电信、电力属于全国性垄断，有全国性的网络企业。虽然市政基础设施垄断局面逐步被打破，但无论哪种类型的企业，目前国家层面和地方层面均存在独家垄断被寡头垄断和划区垄断取代的趋势，但网络型行业随着技术的不断进步，自然垄断性和行政垄断性日渐受到冲击，以电信行业为例，光纤等新材料技术导致广电网络的自然垄断性变弱，而数字电视和三网合一技术从根本上瓦解了广电网络的自然垄断性。其次，市政基础设施的服务交易具有不可逆性，即服务是一个单向过程，提供后不能退换。

市政基础设施行业特征　　　　　　　　　　　　表 2-19

行业名称		整体性	产品属性	竞争属性（可替代）	其他特征
电力行业		全国性	必需品	新能源、新设备使用可补充或替代	高危险性，危及生命安全
电信行业	通信	全国性	耐用消费品向生活必需品转化	纵向服务前行业竞争（移动、联通、网通、铁通），典型非排他	弱电，长期电磁危害性，危及社会安全 技术推广速度快 网络依赖将降低 行业兼容性增强
	广电	地方性	非生活必需品	典型非排他	弱电，危害性较小

---

[1] 高巍.广电网络行业的性质、制度变迁和路径选择[J].中国传媒科技，2008（1）：60-64.

续表

行业名称	整体性	产品属性	竞争属性（可替代）	其他特征
供水行业	地方性	生活必需品	不可替代	区域性调水导致的计划性与协调性
排水行业	地方性	生活必需品	不可替代	可引发瞬间恶性灾害
供热行业	地方性	向生活必需品转化	新能源、新设备使用可补充或替代	瞬间高危险行业
燃气行业	全国性＋地方性	向生活必需品转化	新能源、新设备使用可补充或替代	瞬间高危险行业
环卫行业	地方性	生活必需品	不可替代	长期危险行业

4. 管线更新较快

随着我国城市化进程的加快，地下管线系统也快速扩张，城市地下管线的建设一直没有中断过，各种不同类型、不同材质、不同管径的地下管线时时都在更新 [1]。1966 年以前的管材均为灰铸管和铁管，均已被列入淘汰管材，部分管网运行时间长（长春、四平最早的管网已有 80 年的历史），管网腐蚀老化，跑冒滴漏，管壁结垢大，堵塞严重，影响通水能力。目前城市基础设施建设得到重视，新城区地下管线都能够预先铺设，老城区更新改造中，陈旧的管线也需要得到更新和维护 [2]。2010 年《城市建设统计年鉴》中反映出来的市政管道设施建设施工规模和新增生产能力情况（表 2-20）可以看出管线建设更新速度之快。

---

[1] 宋志强. 我国城市地下管线规划管理问题研究：以吉林市为例[D]. 吉林大学，2008.
[2] 邬艳丽. 我国城市地下管线管理历程与问题的思考[J]. 物联网·智慧城市，2013（9）.

2010 年全国市政管道设施建设施工规模和新增生产能力（或效益）表　表 2–20

指标名称	计量单位	建设规模	本年度施工规模	本年新开工	本年新增生产能力或效益
供水管道长度	公里（km）	27734	22597	19787	18532
人工煤气供气管道长度	公里（km）	1506	1486	1439	1417
天然气供气管道长度	公里（km）	33805	25647	18931	18808
液化石油气供气管道长度	公里（km）	1835	1584	1459	1354
集中供热管道长度（蒸汽）	公里（km）	698	689	689	603
集中供热管道长度（热水）	公里（km）	8314	7428	7251	6342
排水管道长度	公里（km）	34076	28207	24600	22260
再生水管道长度	公里（km）	410	241	163	229

资料来源：中国城市建设统计年鉴（2011）. 中国计划出版社，2011.

5. 管线权属不同

我国大部分城市各类地下管线一直由不同部门进行建设和管理，如供水管线、排水管线、电力管线、通信管线、有线电视管线、热力管线及燃气管线分别由自来水公司、市政公司、电业公司、网通联通公司、电视台、热力公司及燃气公司负责建设与维护管理。有些城市新开发区区域地下管线统一由政府建设，然后移交专业部门进行管理，如调研的上海、东莞、深圳的共同管沟即是这种模式。城市地下管线在管理上由于投资主体不同，造成了地下管线的权属单位不同，进而形成各自为政，缺乏协调配合的问题 [1]。

---

[1] 邰艳丽. 我国城市地下管线管理历程与问题的思考[J]. 物联网·智慧城市，2013（9）.

即便同类管线同样存在分制问题。如由于电信市场竞争的加剧使通信隐患正在加大；日趋严重的电信业重复建设问题，以及在此基础上层出不穷的违规生产操作，给通信安全埋下了诸多隐患。目前我国已有 30 多个部门不同程度地建设了全国性专用通信网，2000 多个厂、矿建设了局部性专用通信网，甚至有些单位和个人未经批准就擅自建设基础电信设施。由于缺乏统筹规划，一些主要通信走廊出现了多条专用通信线路和公用通信线路同时并存的状况，甚至在同一地点同时建有几个微波站或卫星地球站。重复建设、分散维护，造成线路利用率低，相互干扰，通信质量不高，埋下了众多的通信安全隐患。电信业的重复建设也影响到了城市的管道建设，几乎所有的运营商都想自建管道，从而不受制于人，把握竞争的主动权，因此造成了道路三番五次被"开膛破肚"。这种重复建设不仅是对社会资源的严重破坏，并且由于通信线路过于密集，也使通信安全隐患大为增加[1]。

6. 管线技术复杂

城市扩张，管线系统也扩张，系统中的等级角色增加，有主干、次干、支管之分，管线系统变得越来越复杂，系统中各个单位所起的作用也更加专业化[2]。例如某城市环路 8 公里长高压燃气管，不向沿途两侧单位送气，只起到平衡市区气压和转输的作用。因而针对不同的管线，其管材技术、敷设技术等都具有差异性。现在的地下管线，不论是从管材、还是敷设方法上都发生了革命性的变化，各种塑料管、非开挖技术、高压力管道系统、超高压输电电缆等被应用到各种用途的管线敷设中。新型管道的开发也没有止步，例如，现在开发的多层共挤聚乙烯复合管、翻转浸渍树脂软管"U"形聚乙烯管材、大口径衬塑混凝土管等，不同的管材可以适应不同的需求。敷设技术上也有很多创新与进步，如当前最先进的自动化度高、稳定性好的非开挖施工技术等。

---

[1] 张茂洲. 市场竞争愈演愈烈 通信安全隐患随之增大[J]. 通信信息报，2002（6）.

[2] 蓝新幸，王猛. 浅谈市政道路管线综合设计[J].林业科技情报，2007（2）：130-132.

三、规划管理制度

1. 国家管理层面

　　城市规划管理体制可以简单地分为中央集权和地方自治两种，而我国根据自己的国情，采取的是一种介乎二者之间的混合型管理体制。我国城市规划体系实行的是双重领导，即既有规划系统上下级的垂直领导（纵向），又有规划管理部门所属地方政府的领导（横向），其中纵向为：中央（建设部）—省级（省建设厅；直辖市规划委员会或规划管理局；与国土局合署（如上海市规划和国土资源局））—地市级（独立规划局；规划与国土局合署（如沈阳市规划和国土资源局）；城建局；城市建设委员会等）；其横向则为所在地区政府的领导。[1]

（1）管理机构

　　新中国成立之后，我国于1952年成立了第一个国家规划管理机构——建工部城市建设局。1955年后，该机构更名为国家城市建设总局，是国务院直属机构。1956年，撤销国家城市建设总局，成立城市建设部。1966～1976年期间建工部被撤销。直到1979年，中央又重新设立了城市建设部。1982年全国人大正式批准国家建委、国家建工总局、国家建设总局等单位合并成立城乡建设环境保护部，1988年更名为建设部。1998年全国人大批准设立建设部，负责建设行政管理。2008年为加快建立住房保障体系，完善廉租住房制度，着力解决低收入家庭住房困难，促进城镇化健康发展，保障广大人民群众的切身利益，改变"城乡分治"的局面，建设部更名为"住房和城乡建设部"，增加"监督管理建筑市场、建筑安全和房地产市场等"职责，实现行业管理的政令统一。

　　国家层面国内地下管线规划由住房和城乡建设部城市建设司进行归口

---

[1] 宋志强. 我国城市地下管线规划管理问题研究：以吉林市为例[D]. 吉林大学，2008.

管理。城市建设司职责为：拟订城市建设和市政公用事业的发展战略、中长期规划、改革措施、规章；指导城市供水、节水、燃气、热力、市政设施、园林、市容环境治理、城建监察等工作；指导城镇污水处理设施和管网配套建设；指导城市规划区的绿化工作；承担国家级风景名胜区、世界自然遗产项目和世界自然与文化双重遗产项目的有关工作。与地下管线规划相关的机构还包括城乡规划司，其职责包括市政工程测量、城市地下空间开发利用。[1] 住房和城乡建设部城乡规划管理中心为住房和城乡建设部直属事业单位，由住房和城乡建设部授权代行部分政府职能，为住房和城乡建设部履行的行政职能提供行政技术支撑和服务，目前负责全国地下管网的信息化管理。住房和城乡建设部城建档案工作办公室负责城建档案制定，包括制定城乡建设档案工作的管理规章、业务标准和技术规范；指导全国城乡建设档案各协作区的工作，组织经验交流；负责城乡建设档案人员的业务培训等工作。[2]

（2）法律法规

目前我国与城市地下管线有关的法律有 10 部：《中华人民共和国城乡规划法》（主席令 [2007]74 号）、《中华人民共和国建筑法》（主席令 [2011]46 号）、《中华人民共和国节约能源法》（主席令 [2007]77 号）、《中华人民共和国水法》（主席令 [2002]74 号）、《中华人民共和国防洪法》（主席令 [2008]18 号）、《中华人民共和国石油天然气管道保护法》（主席令 [2010]30 号）、《中华人民共和国土地管理法》（主席令 [2004]28 号）、《中华人民共和国文物保护法》（主席令 [2007]84 号）、《中华人民共和国环境保护法》（主席令 [1989]22 号）、《中华人民共和国水污染防治法》（主席令 [2008]87 号）。行政法规有 7 个：《中华人民共和国城市道路管理条例》（国务院令 [1996]198 号）、《中华人民共和国城市绿化管理条例》（国务院令 [1992]100 号）、《中华人民共和国城市供水条例》（国务院令 [1994]158 号）、《中华人

---

[1] 资料来源于中华人民共和国住房和城乡建设部网站. http://www.mohurd.gov.cn.
[2] 资料来源于中华人民共和国住房和城乡建设部网站. http://www.mohurd.gov.cn.

民共和国排污费征收使用管理条例》（国务院令 [2002]369 号）、《特种设备安全监察条例》（国务院令 [2009]549 号）、《取水许可制度实施办法》（国务院令 [2006]460 号）、《电力安全事故应急处置和调查处理条例》（国务院令 [2011]599 号）等。部门规章规定主要包括：《关于采取措施加强燃气安全管理的紧急通知》（建城 [1996]（112 号））、《关于加强城市地下管线规划管理的通知》（建规字 [1998]69 号）、《城市地下管线工程档案管理办法》（建设部令 [2004]136 号）、《城市黄线管理办法》（建设部令 [2005]144 号）、《城市排水许可管理办法》（建设部令 [2006]152 号）、《市政公用设施抗灾设防管理规定》（建设部令 [2008]1 号）、《关于进一步加强城市地下管线保护工作的通知》（建质 [2010]126 号）、《关于印发〈市政公用设施抗震设防专项论证技术要点（室外给水、排水、燃气、热力和生活垃圾处理工程篇）〉的通知》（建质 [2010]70 号）、《关于加强城市基础设施建设的意见》（国发 [2013]36 号）、《关于加强城市市政公用行业安全管理的通知》（建城 [2013]91 号）等。相关法律法规有关市政基础设施及地下管线的相关内容如下：

1)《中华人民共和国城乡规划法》（2008年）

《中华人民共和国城乡规划法》第三十三条规定城市地下空间的开发和利用，应当与经济和技术发展水平相适应，遵循统筹安排、综合开发、合理利用的原则，充分考虑防灾减灾、人民防空和通信等需要，并符合城市规划，履行规划审批手续。第三十五条规定城乡规划确定的铁路、公路、港口、机场、道路、绿地、输配电设施及输电线路走廊、通信设施、广播电视设施、管道设施、河道、水库、水源地、自然保护区、防汛通道、消防通道、核电站、垃圾填埋场及焚烧厂、污水处理厂和公共服务设施的用地以及其他需要依法保护的用地，禁止擅自改变用途。

2)《中华人民共和国建筑法》（2011年修正）

《中华人民共和国建筑法》第二条规定本法所称建筑活动，是指各类房屋建筑及其附属设施的建造和与其配套的线路、管道、设备的安装活动。第四十条规定建设单位应当向建筑施工企业提供与施工现场相关的地下管线资料，建筑施工企业应当采取措施加以保护。第四十二条规定可能损坏道路、管线、电力、邮电通信等公共设施的，建设单位应当按照国家有关规定办理申请批准手续。第四十三条规定建设行政主管部门负责建筑安全生产的管理，并依法接受劳动行政主管部门对建筑安全生产的指导和监督。

3）《中华人民共和国节约能源法》（2007年修订）

第七条规定国家实行有利于节能和环境保护的产业政策，限制发展高耗能、高污染行业，发展节能环保型产业。国务院和省、自治区、直辖市人民政府应当加强节能工作，合理调整产业结构、企业结构、产品结构和能源消费结构，推动企业降低单位产值能耗和单位产品能耗，淘汰落后的生产能力，改进能源的开发、加工、转换、输送、储存和供应，提高能源利用效率。第二十二条规定国家鼓励节能服务机构的发展，支持节能服务机构开展节能咨询、设计、评估、检测、审计、认证等服务。国家支持节能服务机构开展节能知识宣传和节能技术培训，提供节能信息、节能示范和其他公益性节能服务。第二十三条规定国家鼓励行业协会在行业节能规划、节能标准的制定和实施、节能技术推广、能源消费统计、节能宣传培训和信息咨询等方面发挥作用。

4）《中华人民共和国水法》（2002年）

《水法》第五十二条规定城市人民政府应当因地制宜采取有效措施，推广节水型生活用水器具，降低城市供水管网漏失率，提高生活用水效率；加强城市污水集中处理，鼓励使用再生水，提高污水再生利用率。第五十三条规定供水企业和自建供水设施的单位应当加强供水设施的维护管理，减少水的漏失。

5）《中华人民共和国防洪法》（2009年修订）

《防洪法》第三十四条规定大中城市，重要的铁路、公路干线，大型骨干企业，应当列为防洪重点，确保安全。受洪水威胁的城市、经济开发区、工矿区和国家重要的农业生产基地等，应当重点保护，建设必要的防洪工程设施。第三十五条规定属于国家所有的防洪工程设施，应当按照经批准的设计，在竣工验收前由县级以上人民政府按照国家规定，划定管理和保护范围。第三十七条规定任何单位和个人不得破坏、侵占、毁损水库大坝、堤防、水闸、护岸、抽水站、排水渠系等防洪工程和水文、通信设施以及防汛备用的器材、物料等。

6)《中华人民共和国石油天然气管道保护法》（2010年）

《石油天然气管道保护法》适用范围为我国境内输送石油、天然气的管道的保护，城镇燃气管道和炼油、化工等企业厂区内管道的保护，不适用本法。《石油天然气管道保护法》第十一条规定国务院能源主管部门根据国民经济和社会发展的需要组织编制全国管道发展规划。组织编制全国管道发展规划应当征求国务院有关部门以及有关省、自治区、直辖市人民政府的意见。全国管道发展规划应当符合国家能源规划，并与土地利用总体规划、城乡规划以及矿产资源、环境保护、水利、铁路、公路、航道、港口、电信等规划相协调。第十二条规定管道企业应当根据全国管道发展规划编制管道建设规划，并将管道建设规划确定的管道建设选线方案报送拟建管道所在地县级以上地方人民政府城乡规划主管部门审核；经审核符合城乡规划的，应当依法纳入当地城乡规划。纳入城乡规划的管道建设用地，不得擅自改变用途。

7)《中华人民共和国土地管理法》（2004年修订）

《土地管理法》第二十六条规定经国务院批准的大型能源、交通、水利等基础设施建设用地，需要改变土地利用总体规划的，根据国务院的批准文件修改土地利用总体规划。经省、自治区、直辖市人民政府批准的能源、交通、水利等基础设施建设用地，需要改变土地利用总体规划的，属于省级人民政府土地利用总体规划批准权限内的，根据省级人民政府的批准文件修改土地利用总体规划。第四十四条规定省、自治区、直辖市人民政府批准的道路、管线工程和大型基础设施建设项目、国务院批准的建设项目占用土地，涉及农用地转为建设用地的，由国务院批准。第五十四条规定城市基础设施用地和公益事业用地和国家重点扶持的能源、交通、水利等基础设施用地使用国有土地，经县级以上人民政府依法批准，可以以划拨方式取得。

8）《中华人民共和国文物保护法》（2007年修订）

《文物保护法》第十七条规定文物保护单位的保护范围内不得进行其他建设工程或者爆破、钻探、挖掘等作业。但是，因特殊情况需要在文物保护单位的保护范围内进行其他建设工程或者爆破、钻探、挖掘等作业的，必须保证文物保护单位的安全，并经核定公布该文物保护单位的人民政府批准，在批准前应当征得上一级人民政府文物行政部门同意；在全国重点文物保护单位的保护范围内进行其他建设工程或者爆破、钻探、挖掘等作业的，必须经省、自治区、直辖市人民政府批准，在批准前应当征得国务院文物行政部门同意。第二十九条规定进行大型基本建设工程，建设单位应当事先报请省、自治区、直辖市人民政府文物行政部门组织从事考古发掘的单位在工程范围内有可能埋藏文物的地方进行考古调查、勘探。

9）《中华人民共和国环境保护法》（1989年）

《环境保护法》第二十六条规定建设项目中防治污染的措施，必须与主体工程同时设计、同时施工、同时投产使用。防治污染的设施必须经原审批环境影响报告书的环境保护行政主管部门验收合格后，该建设项目方可投入生产或者使用。第二十八条规定排放污染物超过国家或者地方规定的污染物排放标准的企业事业单位，依照国家规定缴纳超标准排污费，并负责治理。水污染防治法另有规定的，依照水污染防治法的规定执行。征收的超标准排污费必须用于污染的防治，不得挪作他用，具体使用办法由国务院规定。

10）《中华人民共和国水污染防治法》（2008年）

《水污染防治法》第十八条规定国家对重点水污染物排放实施总量控制制度。第二十条规定国家实行排污许可制度。直接或者间接向水体排放工业废水和医疗污水以及其他按照规定应当取得排污许可证方可排放的废水、污水的企业事业单位，应当取得排污许可证；城镇污水集中处理设施的运营单位，也应当取得排污许可证。第二十三条规定重点排污单位应当安装水污染物排放自动监测设备，与环境保护主管部门的监控设备联网，并保证监测设备正常运行。排放工业废水的企业，应当对其所排放的工业废水进行监测，并保存原始监测记录。具体办法由国务院环境保护主管部门规定。第二十四条规定直接向水体排放污染物的企业事业单位和个体工商户，应当按照排放水污染物的种类、数量和排污费征收标准缴纳排污费。第四十四条规定城镇污水应当集中处理。县级以上地方人民政府应当通过财政预算和其他渠道筹集资金，统筹安排建设城镇污水集中处理设施及配套管网，提高本行政区域城镇污水的收集率和处理率。国务院建设主管部门应当会同国务院经济综合宏观调控、环境保护主管部门，根据城乡规划和水污染防治规划，组织编制全国城镇污水处理设施建设规划。县级以上地方人民政府组织建设、经济综合宏观调控、环境保护、水行政等部门编制本行政区域的城镇污水处理设施建设规划。县级以上地方人民政府建设主管部门应当按照城镇污水处理设施建设规划，组织建设城镇污水集中处理设施及配套管网，并加强对城镇污水集中处理设施运营的监督管理。城镇污水集中处理设施的运营单位按照国家规定向排污者提供污水处理的有偿服务，收取污水处理费用，保证污水集中处理设施的正常运行。向城镇污水集中处理设施排放污水、缴纳污水处理费用的，不再缴纳排污费。收取的污水处理费用应当用于城镇污水集中处理设施的建设和运行，不得挪作他用。第四十五条规定向城镇污水集中处理设施排放水污染物，应当符合国家或者地方规定的水污染物排放标准。第四十六条规定建设生活垃圾填埋场，应当采取防渗漏等措施，防止造成水污染。

11）《城市供水条例》（1994年）

《城市供水条例》第二十七条规定城市自来水供水企业和自建设施供水的企业对其管理的城市供水的专用水库、引水渠道、取水口、泵站、井群、输（配）水管网、进户总水表、净（配）水厂、公用水站等设施，应当定期检查维修，确保安全运行。第三十一条规定涉及城市公共供水设施的建设工程开工前，建设单位或者施工单位应当向城市自来水供水企业查明地下供水管网情况。施工影响城市公共供水设施安全的，建设单位或者施工单位应当与城市自来水供水企业商定相应的保护措施，由施工单位负责实施。

12)《城市绿化条例》（1992年）

《城市绿化条例》第十九条规定任何单位和个人都不得擅自改变城市绿化规划用地性质或者破坏绿化规划用地的地形、地貌、水体和植被。第二十条规定任何单位和个人都不得擅自占用城市绿化用地；占用的城市绿化用地，应当限期归还。因建设或者其他特殊需要临时占用城市绿化用地，须经城市人民政府城市绿化行政主管部门同意，并按照有关规定办理临时用地手续。

13)《城市黄线管理办法》（2006年）

《城市黄线管理办法》第十二条规定在城市黄线内进行建设活动，应当贯彻安全、高效、经济的方针，处理好近远期关系，根据城市发展的实际需要，分期有序实施。第十四条规定在城市黄线内进行建设，应当符合经批准的城市规划。在城市黄线内新建、改建、扩建各类建筑物、构筑物、道路、管线和其他工程设施,应当依法向建设主管部门（城乡规划主管部门）申请办理城市规划许可，并依据有关法律、法规办理相关手续。第十六条规定县级以上地方人民政府建设主管部门（城乡规划主管部门）应当定期对城市黄线管理情况进行监督检查。

14)《城市地下管线工程档案管理办法》（2004年）

目前国家层面出台专门规范地下管线的法规规章仅有《城市地下管线工程档案管理办法》，第一次以部令的形式明确城市地下管线的管理。《办法》针对地下管线的工程档案管理做出了一些规定：一是施工单位在地下管线工程施工前应当取得施工地段地下管线现状资料；施工中发现未建档的管线，应当及时通过建设单位向当地县级以上人民政府建设主管部门或者规划主管部门报告。二是地下管线工程覆土前，建设单位应当委托具有相应资质的工程测量单位，按照《城市地下管线探测技术规程》CJJ 61进行竣工测量，形成准确的竣工测量数据文件和管线工程测量图。三是城市供水、排水、燃气、热力、电力、电讯等地下管线专业管理单位（以下简称地下管线专业管理单位）应当及时向城建档案管理机构汇交地下专业管线图。四是地下管线专业管理单位应当将更改、报废、漏测部分的地下管线工程档案，及时修改补充到本单位的地下管线专业图上，并将修改补充的地下管线专业图及有关资料向城建档案管理机构汇交。五是城建档案管理机构应当绘制城市地下管线综合图，建立城市地下管线信息系统，及时接收普查和补测、补绘所形成的地下管线成果。

15）《城市地下空间开发利用管理规定》（2001年）

《城市地下空间开发利用管理规定》（2001年）有关地下管线管网的条款主要有：第十二条规定独立开发的地下交通、商业、仓储、能源、通信、管线、人防工程等设施，应持有关批准文件、技术资料，依据《中华人民共和国城乡规划法》的有关规定，向城市规划行政主管部门申请办理选址意见书、建设用地规划许可证、建设工程规划许可证；第二十四条规定城市地下工程由开发利用的建设单位或者使用单位进行管理，并接受建设行政主管部门的监督检查；第二十五条规定地下工程应本着"谁投资、谁所有、谁受益、谁维护"的原则，允许建设单位对其投资开发建设的地下工程自营或者依法进行转让、租赁；第二十六条规定建设单位或者使用单位应加强地下空间开发利用工程的使用管理，做好工程的维护管理和设施维修、更新，并建立健全维护管理制度和工程维修档案，确保工程、设备处于良好状态；第二十七条规定建设单位或者使用单位应当建立健全地下工程的使用安全责任制度，采取可行的措施，防范发生火灾、水灾、爆炸及危害人身健康的各种污染。其中第二十五条是目前我国界定地下管线产权归属的唯一规定。

16）《关于加强城市地下管线规划管理的通知》（1998年）

《关于加强城市地下管线规划管理的通知》提出未开展城市地下管线普查的城市，应尽快对城市地下管线进行一次全面普查，弄清城市地下管线的现状。有条件的城市应采用地理信息系统技术建立城市地下管线数据库，以便更好地对地下管线实行动态管理。各地城市人民政府及其城市规划行政主管部门在组织编制和审查城市总体规划、详细规划及其他各类城市规划时，要重视地下管线规划的编制。对不合理的现状管线布局要随着城市建设的发展逐步调整完善。编制城市详细规划时，应当按照《城市规划编制办法》的规定编制工程管线综合规划和竖向规划，并在指导工程设计中认真落实，其编制单位应持有相应资格的《城市规划设计证书》。建设单位在城市规划区新建、扩建和改建地下管线，必须按照《城市规划法》和地方法规的有关规定向城市规划行政主管部门进行报建。凡未取得城市规划行政主管部门颁发的规划许可证件或违反规划许可的条件而进行建设的，应依法严肃查处。城市规划行政主管部门在审查报建的城市地下管线工程或相关的建设项目、核发规划许可证件时，应依据城市规划提出明确的规划设计条件。严格城市地下管线工程建设的定线和竣工测量制度，经城市规划行政主管部门批准的地下管线工程，必须在开工前进行定线，在覆土前进行竣工测量。定线和竣工测量须由城市规划行政主管部门组织进行。城市规划区内地下管线工程建设单位，应当在竣工验收后六个月内，向当地城市规划行政主管部门报送有关竣工资料。要强化对城市地下管线探查测量工作管理。

17）《关于进一步加强城市地下管线保护工作的通知》（2010年）

《通知》要求充分认识地下管线保护工作的重要意义，切实加强地下管线规划、建设和管理，严格落实工程建设各方主体相关责任，提高地下管线安全应急救援能力，加强监督检查和相关服务工作。城市人民政府应根据城市发展的需要，在组织编制城市规划时必须同步编制地下管线综合规划。城市地下管线权属单位应当依据城市总体规划及各自行业发展规划，编制城市地下管线专业规划，并按规定进行审批。有条件的城市可成立地下管线开挖变更审批联席会议，统一审批道路管线的开挖和更改。各地住房和城乡建设主管部门要按照《建筑工程施工许可管理办法》的规定，对涉及地下管线的工程项目进行认真审查。城市地下管线建设单位应按有关规定履行报建程序，在施工前应到城建档案管理机构查询施工区域地下管线档案，取得地下管线现状资料。在施工现场，要公开地下管线施工的负责人和管理人姓名与相关责任。城市地下管线权属单位要建立有效机制，定期对地下管线进行维护保养和运行状态评估。应当按照有关要求，对地下管线进行安全监测、检测，及时排除隐患，确保运行安全。

18）《城市道路管理条例》（1996年）

《城市道路管理条例》第十条规定政府投资建设城市道路的，应当根据城市道路发展规划和年度建设计划，由市政工程行政主管部门组织建设。单位投资建设城市道路的，应当符合城市道路发展规划，并经市政工程行政主管部门批准。第十二条规定城市供水、排水、燃气、热力、供电、通信、消防等依附于城市道路的各种管线、杆线等设施的建设计划，应当与城市道路发展规划和年度建设计划相协调，坚持先地下、后地上的施工原则，与城市道路同步建设。第二十九条规定依附于城市道路建设各种管线、杆线等设施的，应当经市政工程行政主管部门批准，方可建设。第三十三条规定因工程建设需要挖掘城市道路的，应当持城市规划部门批准签发的文件和有关设计文件，到市政工程行政主管部门和公安交通管理部门办理审批手续，方可按照规定挖掘。新建、扩建、改建的城市道路交付使用后5年内、大修的城市道路竣工后3年内不得挖掘；因特殊情况需要挖掘的，须经县级以上人民政府批准。第三十四条规定埋设在城市道路下的管线发生故障需要紧急抢修的，可以先行破路抢修，并同时通知市政工程行政主管部门和公安交通管理部门，在24小时内按照规定补办批准手续。第三十五条规定经批准挖掘城市道路的，应当在施工现场设置明显的标志和安全防卫设施；竣工后，应当及时清理现场，通知市政工程行政主管部门检查验收。第三十六条规定经批准占用或者挖掘城市道路的，应当按照批准的位置、面积、期限占用或者挖掘。需要移动位置、扩大面积、延长时间的，应当提前办理变更审批手续。第三十七条规定占用或者挖掘由市政工程行政主管部门管理的城市道路的，应当向市政工程行政主管部门交纳城市道路占用费或者城市道路挖掘修复费。

关于城市地下管线的管理机制，《物权法》第五十二条规定铁路、公路、电力设施、电信设施和油气管道等基础设施，依照法律规定为国家所有的，属于国家所有。第九十一条规定不动产权利人挖掘土地、建造建筑物、铺设管线以及安装设备等，不得危及相邻不动产的安全。第九十二条规定不动产权利人因用水、排水、通行、铺设管线等利用相邻不动产的，应当尽量避免对相邻的不动产权利人造成损害；造成损害的，应当给予赔偿。《城镇国有土地使用权出让和转让暂行条例》第二条规定国家按照所有权与使用权分离的原则，实行城镇国有土地使用权出让、转让制度，但地下资源、埋藏物和市政公用设施除外。《行政许可法》确定有限资源的行政许可制度，即《行政许可法》第十二条设立行政许可之规定：有限自然资源开发利用、公共资源配置以及直接关系公共利益的特定行业的市场准入等，需要赋予特定权利的事项。关于土地空间的使用制度，我国已经建立了地上空间使用的招拍挂制度，其中《招标投标法》确定的涉及土地等国家资源的必须通过招标投标方式，第三条规定在中华人民共和国境内进行下列工程建设项目包括项目的勘察、设计、施工、监理以及与工程建设有关的重要设备、材料等的采购，必须进行招标，其中包括大型基础设施、公用事业等关系社会公共利益、公众安全的项目。《拍卖法》确定拍卖方式，第八条规定，依照法律或者按照国务院规定需经审批才能转让的物品或者财产权利，在拍卖前应当依法办理审批手续。《招标拍卖挂牌出让国有建设用地使用权规定》（国土资源部令 [2007]39 号）规定适用范围是在我国境内以招标、拍卖或者挂牌出让方式在土地的地表、地上或者地下设立国有建设用地使用权的。

（3）主要技术规范

城市地下管线规划技术标准与技术规范是城市地下管线规划行政的技术依据和城市地下管线规划管理具有合法性的客观基础。它的内容应当能够覆盖地下管线规划过程中所有的、一般化的技术行为。技术标准与技术规范同样包括国家和地方两个层次。地方性的技术标准与规范可以与国家的技术标准与规范重叠，并根据地方条件做出相应的修正。[1]

国家关于地下管线安全的技术规范规章规定包括《管线打开安全管理规范》Q/SY 1243—2009、《挖掘作业安全管理规范》Q/SY 1247—2009、《动力管道安全管理规程》（电生字 [1987]8 号）、《气体管道安全管理规程》

---

[1] 宋志强. 我国城市地下管线规划管理问题研究：以吉林市为例[D]. 吉林大学，2008.

（适用于煤气）、《工业金属管道设计规范》GB 50316—2000、《工业金属管道施工及验收规范》GB 50235—2000、《压力管道安全管理与监察规定》（劳部发 [1996]140 号）、《电器装置安装工程施工及验收规范》GB 50254—259—96、《低压配电设计规范》GB 20024—95、《城镇燃气设计规范》GB 50028—2006、《建筑设计防火规范》GBJ 16—2001 及各专业公司、企业运行的《动力管线安全管理制度》、《动力管线安全管理办法》等。

国家关于城市地下管线勘测的标准是 1994 年建设部组织制定并发布实施的《城市地下管线探测技术规程》，是我国首部行业标准，已成为我国城市地下管线探测普查工作的重要技术标准，于 2003 年修订完成的《城市地下管线探测技术规程》CJJ 61—2003，适用于城市市政建设和管理的各种不同用途的金属非金属管道及电缆等地下管线的探查测绘及其信息管理系统的建设，并编写了相关技术手册，包括正在制定的《城市地下管线探测工程监理规程》（暂名）。

国家关于城市工程管线规划的规范主要有《城市工程管线综合规划规范》GB 50289—98。《城市工程管线综合规划规范》主要规定了各类城市工程管线敷设和避让的一些技术要求：一是应结合城市道路网规划，在不妨碍工程管线正常运行检修和合理占用土地的情况下使线路短捷。二是编制工程管线综合规划设计时应减少管线在道路交叉口处交叉，当工程管线竖向位置发生矛盾时宜按下列规定处理：①压力管线让重力自流管线；②可弯曲管线让不易弯曲管线；③分支管线让主干管线；④小管径管线让大管径管线。三是工程管线在道路下面的规划位置宜相对固定，从道路红线向道路中心线方向平行布置的次序应根据工程管线的性质、埋设、深度等确定，分支线少、埋设深、检修周期短和可燃、易燃和损坏时对建筑物基础安全有影响的工程管线应远离建筑物布置，次序宜为电力电缆、电信电缆、燃气配气、给水配水、热力干线、燃气输气、给水输水、雨水排水、污水排水。四是当工程管线交叉敷设时自地表面向下的排列顺序，宜为电力管线、热力管线、燃气管线、给水管线、雨水排水管线、污水排水管线。

　　《城市供水管网漏损控制及评定标准》CJJ 92—2002 为城市节约用水，城市供水管线漏损控制、评定及管网改造提供了技术标准依据和控制目标。标准对供水企业管网管理和管网更新改造提出明确规定。

　　《给水排水管道工程施工及验收规范》GB 50268—2008 适用于新建、扩建和改建城镇公共设施和工业企业的室外给排水管道工程的施工及验收；不适用于工业企业中具有特殊要求的给排水管道施工及验收。

　　《城市地下管线探测工程监理导则》（RISN-TG011-2010，住房和城乡建设部标准定额研究所，2011）是以规范地下管线普查探测监理工作，保证探测成果质量，提高工程监理和技术监督人员的专业技术水平和管理水平为目标的应用性导则。

2. 省级管理层面

（1）管理机构

　　省级层面地下管线规划建设管理由省（自治区）住房和城乡建设厅城乡城建处进行指导。以浙江省住房和城乡建设厅为例，按照官方网站公布的内设机构职责规定城市建设管理处负责拟订全省城镇建设管理和市政公用事业的发展规划、改革措施、地方性法规和规章草案、行业技术标准和政策。指导全省城镇供排水、节水、燃气、热力、市政设施、园林绿化、市容、环卫、城建监察等工作；指导和监督管理全省城镇污水处理设施运行及污染物减排工作；指导和监督城市管理工作；指导和监督城市管理行政（综合）执法的建设行业执法工作；指导全省城市市政公用基础设施规划建设、运营安全和应急管理工作；指导和监督推进城乡基础设施和公共服务一体化；负责园林城市（县城、镇）、人居环境奖创建管理组织申报工作；指导全省城市节约用水工作；指导城市规划区内生物多样性保护工作；负责市政公用、园林绿化企业单位和从业人员的资质资格审查报批或核准；承担省推进数字化城市管理工作协调小组办公室日常工作。[1]

---

[1] 资料来源：浙江省建设信息港. http://www.zjjs.gov.cn/.

（2）法律法规

各省根据具体情况出台了一些地下管线相应的管理规定，但水平不一，针对的对象也有所差别。如浙江省出台了《浙江省城乡规划条例》(2010)、《浙江省燃气管理条例》(2006)和《浙江省城镇污水集中处理管理办法》等单项专业设施的管理条例，对地下管线规划及建设、安全运营提出具体规定，北京市和山东省出台《北京市城市地下管线管理办法》、《北京市排水和再生水管理办法》、《山东省石油天然气管道保护办法》等专项法规，上海市直接针对地下管线建设出台《上海市管线工程规划管理办法》、《上海市地下空间安全使用管理办法(草案)》。

3. 城市实施层面

城市层面具体实施地下管线的管理在《城乡规划法》框架下均进行了有益的探索，通过网络和实地调研收集了部分城市出台的相关法律法规，有效指导和约束地下管网规划、建设和管理，按照具体内容包括以下五类。

第一类是出台直接针对地下管线的规划、建设和管理的地方法规，如《西安市城市地下管线管理办法（试行）》《襄阳市管线工程规划管理办法》、《东莞市地下管线管理办法（试行）》（征求意见稿）、《重庆市地下市政管线工程规划核实管理办法》、《徐州市城市地下管线管理办法》、《哈尔滨市地下管线管理暂行办法》、《合肥市城市管线工程管理办法》、《珠海市地下管线管理条例》、《济南市市政工程设施管理条例》、《临汾市市区城市地下管线管理办法》、《菏泽市城市地下管线规划管理办法》、《淄博市城区道路管线工程规划管理办法》、《青岛市城市道路管线工程规划管理办法》、《秦皇岛市管线规划管理办法》、《拉萨市城市地下管线管理暂行办法》、《大连市城市地下管线管理办法》、《聊城市城区城市地下管线管理办法（草案）》、《景德镇市城市地下管线管理办法》、《苏州市城市地下管线管理办法》等。

二是出台某种管线的专项规定，如《盐城市城镇燃气管道设施保护管理办法》、《汕头市市区城市燃气管道供气管理办法》、《太原市城市排水管理条例》、《中山市信息管道建设管理暂行办法》、《南京市燃气管道设施保护管理办法》、《佳木斯市城市排水设施管理暂行办法》、《唐山市城市供水管理条例实施细则》、《济南市城市自来水供水管理办法》、《西安市黑河引水管渠保护管理办法》、《邯郸市城市供水管理办法》等。

三是在城市道路管理过程中对地下管线规划建设管理有部分具体规定,如《哈尔滨市城市道路管理条例》《兰溪市城市道路挖掘管理办法》等。

四是出于市容市貌的角度对地上管线的专项规定,如《贵阳市架空管线设置市容管理办法》、《南京市地下管线规划管理办法》、《银川市城市地下管线工程档案管理办法》等。

五是针对地下管线工程档案的专项规定,如《宜昌市城区城市地下管线工程档案管理办法》、《十堰市城市地下管线工程档案管理办法》、《济南市地下管线工程档案管理办法》、《厦门市地下管线工程档案管理办法》、《长沙市城市地下管线工程档案管理条例》等,其中《长沙市城市地下管线工程档案管理条例》(2004.12)是我国第一部省人大批准的城市地下管线管理条例。

(1)北京市

北京市于 2005 年 2 月出台了《北京市城市地下管线管理办法》,3 月开始实行。《管理办法》对地下管线的管理、维修、安全监管、违法处罚权属进行了明确的规定。其中第三条界定了相关政府部门的职责划分,重点指出了北京市市政行政管理部门负责本市城市基础设施地下管线综合协调管理工作,监督地下管线权属单位编制地下管线年度建设项目、维修工程计划和抢修预案,并协调实施。2009 年《北京市地下管线抢修预案》发布,规定了"统一指挥、综合协调、行业管理、分级负责、专业处置和救援"的工作原则,明确了地下管线抢修的组织机构及职责,从地下管线突发事故预防和应急处置两个方面出发,提出了监测预警、应急响应、信息管理、后期处置等工作措施,[1]明确了地下管线信息管理的建立机制和动态更新机制。北京市政府提倡"综合协调管理、部门分段负责、行业分工管理、

---

[1] 资料来源:首都之窗. http://www.beijing.gov.cn/.

属地区域监管、企业主体负责"的管理运营模式,以实现对地下管线安全运营的全面监管。其中综合协调管理是指:北京市市政市容委负责地下管线综合协调管理;负责会同相关地下管线行业管理部门,协调管线权属单位与实施挖掘工程的建设施工单位建立地下安全防护机制,综合协调地下管线专业规划和年度建设计划。北京市安全监管局负责防止施工破坏地下管线安全生产工作综合监督管理和指导协调,对地下管线权属单位安全生产工作实施综合监督管理。部门分段负责是指:市住房和城乡建设委负责统筹建设工程施工现场地下管线安全监督管理,负责组织、指导、督促和检查区县建设行政主管部门强化相关监管职责,落实安全监管措施。行业分工监管是指:北京市市政市容分委管燃气、热力和城市照明管线,市水务局分管自来水、雨水、污水和中水管线;市发展改革委、电监会华北监管局按照各自职能分管电力管线;市经济信息化委分管政务网络通信管线;市通信管理局分管通信管线;市广电局分管有线电视管线;市公安局和交通管理局分管交通信号管线。属地区域监管是指:按照属地区域监管原则,各区县政府负责组织相关部门、乡政府和街道办事处检查施工单位地下管线保护方案和规范作用情况。企业主体履责是指:工程建设单位承担防止施工破坏地下管线的主要责任。负责调查、移交施工现场及毗邻区域内地下管线资料;建立与施工单位、地下管线权属单位的联络对接机制;审定地下管线防护措施;组织实施建设工程施工影响区域内的管线改移、保护工作,并承担相关费用。城市管理综合执法部门依法对地下管线违法行为进行行政处罚 [1]。

北京市《引进社会资本推动市政基础设施领域建设试点项目实施方案》(2013)提出市政基础设施产业化经营、市场化建设的基本方向,确定对具备一定经营条件的市政基础设施领域打破垄断、开放市场,凡是市场主

---

[1] 首都之窗,北京市人民政府办公厅关于加强施工安全管理防止发生破坏地下管线事故的通知(京政办发[2010]47号)[EB/OL]. 2011–01–19. http://www.beijing.gov.cn/szbjxxt/zwgs/t1151551.htm.

体能够承担的,由市场主体承担的原则 [1]。理顺政府与企业在市政基础设施领域投资、建设和运营中的职责,企业履行公共产品生产经营职责,政府履行公共产品公益服务职责。改革市政基础设施领域投资、建设和运营体制,通过政府投资、财政补贴、价格体系的相互协同,完善企业合理投资回报机制。对增量项目,经营性领域依法放开建设和经营市场,积极推行投资运营主体招商,政府不再进行直接投入;准经营性领域以 PPP、股权合作等方式,通过投资、补贴和价格的协同,为投资者获得合理投资回报积极创造条件;非经营性领域可采取捆绑式项目法人招标等方式由社会投资人组织实施,也可由政府回购或购买服务。对存量项目,通过委托运营、股权出让、融资租赁、基金引导、整合改制、技术资源合作、后勤社会化等方式,加大引入社会资本进行专业化运营的力度,不断扩大产业化经营规模。机制方面主要是建立投资、补贴与价格的协同机制。简单说,就是通过"减"、"压"、"补"、"增",多渠道地完善投资人合理投资回报机制。其中,"减",就是通过合理的政府投入,企业投资减一部分;"压",就是通过引入市场竞争机制,推动投资运营公开透明,企业成本压一部分;"补",就是通过财政运营补助转为购买服务,企业收入补一部分;"增",就是通过结合行业特性,依法依规配置企业一定土地开发权,以及符合监管要求的广告、商铺、冠名等经营权,企业经营增一部分 [2]。

北京市首批试点领域包括轨道交通、城市道路、综合交通枢纽、污水处理、固废处置和镇域供热等 6 个领域,其中轨道交通方面,新建线路,主要采用 PPP 模式;在建线路,采用"股权融资"或"股权融资 + 委托运营"模式;已开通线路,可采用融资租赁、资产证券化、股权转让等方式进行盘活。城市道路方面对符合规定的国道等重要普通公路及城市快速路,可采用 BT 模式建设。支持有条件的项目,按市场化原则综合建设与公共交

[1] 资料来源: 中国新闻网. 北京打破市政基础设施垄断上百项目吸引社会资本. http: //www.chinanews. com/gn/2013/07-31/5107185.shtml.

[2] 北京市发展和改革委员会.引进社会资本推动市政基础设施领域建设试点项目实施方案政策发布[EB/ OL]. 2013-08-01. http: //www.bjpc.gov.cn/gzdt/201308/t6491028.htm.

通相关的经营设施。综合交通枢纽方面对于周边土地资源丰富的枢纽项目，在交通允许的情况下，采取将公益性的交通枢纽和经营性开发作为整体捆绑实施的一体化建设模式，通过项目法人招标或土地带条件招标等公开竞争方式，确定综合开发单位。污水处理方面新建再生水厂按照"企业建厂、政府配网"的原则，主要实行 BOT 方式。在建和已建成的新城、镇乡污水厂，可采取委托运营或 TOT 方式，在一定区域内实现规模化运营。固废处置方面新建生活垃圾和餐厨垃圾处理设施项目，主要以 PPP、股权合作等方式建设；新建建筑垃圾处理设施项目，主要采取企业直接投资方式建设运营；新建转运站、填埋场、渗沥液处理厂、粪便处理设施等非经营性项目，可采用社会投资人出资建设，政府采购并分期付款的方式；在建和已建成项目可采用 TOT 或委托运营方式。镇域供热方面热源由企业以 BOT 模式投资建设，一次管网原则由区属专业公司投资建设，二次管网由产权单位建设。热网系统由委托运营商运营、管理和维护，实行规模化经营。[1]

在组织机构上，市、区两级政府已经成立了推进市政基础设施领域市场化建设运营工作协调小组，并按试点领域组成 6 个专门工作小组，统筹协调和指导市场化建设、运营和管理等工作。各行业主管部门和区县作为实施责任单位分头落实，公布行业标准，开展特许经营项目实施方案制定、招商、谈判等关键工作。市发展和改革委员会、市财政局及市行业主管部门，将逐个与项目社会投资人磋商落实方案，并持续细化完善政府投资体制，细化落实政府购买服务机制。区县政府保障市区项目场地建设条件；土地、规划等政策管理部门，将按照已经细化的支持标准，对市场化建设项目优先配置资源和办理手续。[2]

（2）上海市

上海市城市建设管理法制健全、政府审批和管制与市场经济紧密结合，

---

[1] 北京市发展和改革委员会.引进社会资本推动市政基础设施领域建设试点项目实施方案政策发布[EB/OL].[2013-08-01]. http://www.bjpc.gov.cn/gzdt/201308/t6491028.htm.

[2] 北京市发展和改革委员会.引进社会资本推动市政基础设施领域建设试点项目实施方案政策发布[EB/OL].[2013-08-01]. http://www.bjpc.gov.cn/gzdt/201308/t6491028.htm.

对企业发展非常有利，产权保护方面也做得很好。在城市地下管线管理建设过程中，政府能比较充分发挥自身统筹管理的能力，加强管理的力度和决心。但由于上海市城市发展较快，原来的运行机制已经远远不能满足工程建设对管理体制和信息资料的科学化、现代化管理要求。对于地下管线的核批，管理部门之间，管理部门与建设部门之间，建设部门与建设部门之间由于分属不同的管理机构，各部门之间发生的矛盾和问题不易协调。自1864年上海埋设第一根地下管线至今已有近150年历史，其间，资料流失严重，现在没有一个部门拥有完整地下管线信息资料。20世纪80年代以前，缺少相关的政策、法规、条例来管理和规范管线施工市场，虽然近期相继出台了诸多条例、规章，但是按照规定要求执行的单位却寥寥无几，造成有法不依。工作量的增大对管理部门和服务部门的管理水平和模式产生较大的冲击，建设施工的方式由专业部门承担逐渐走向市场的招投标方式，使得管线建设部门与政府的管线相关管理部门不能直接获得施工的信息，对于施工质量约束控制力和竣工资料的管理职能减弱或消失。[1]

上海市于1996年开展地下管线调查研究，对做好管线建设工作提出一系列对策，例如：建议市府领导决策，组成管线普查领导小组和办公室，尽快摸清家底，对历史上遗留下来的问题逐一提出对策，建立地下管线数据库；加强执法监督，做好"一证二照"（道路施工许可证、管线工程执照、掘路执照）的审批管理，把好审照、批照、施工过程监督、竣工档案归案、竣工图验收各个环节；统一竣工档案、图纸标准，管线竣工图的测绘工作应由具有一定的测绘资质的单位承担，要有统一的专业技术标准和技术规范；作为努力目标，建立上海市地下管线信息系统（数据库），寻求能有效处理好从数据采集到建成数据库全过程的良好途径和有效措施[2]。

上海市出台专门规范地下管线的法规规章较多，《上海市管线工程规划管理办法》是直辖市中最早编制的一部与地下管线相关的地方政府规章

[1] 王珏. 杭州城市地下管线综合管理研究[D]. 浙江大学，2006.
[2] 王珏. 杭州城市地下管线综合管理研究[D]. 浙江大学，2006.

（2001年9月发布）主要针对地下管线的规划管理做出规定。随后出台了《上海市城市道路与地下管线施工管理暂行办法》、《上海市城市道路与地下管线施工管理暂行办法的补充规定》、《关于加强对道路管线综合性工程掘路施工计划管理的通知》等。针对管网安全的主要有《上海市城市道路管线外损事故等级划分暂行规定》，由上海市市政工程管理局于2005年11月发布，目的是为了规范城市道路管线外损事故的处理，就城市道路管线外损事故的分级做出规定。《上海市地下管线保护若干规定》由上海市市政工程管理局于2005年12月发布，目的是为了确保城市道路地下管线的正常运行，主要就道路地下管线的保护做出规定。

上海市建立了地下管线综合和各专业两类信息平台，通过制定相关数据格式转换标准，将各专业信息平台中的信息上传至综合信息平台，集成在同一空间上分层显示，实现对于管线资源的有效整合。

（3）天津市

天津市出台专门规范地下管线的法规规章主要有2005年5月的《天津市地下管线工程档案信息动态管理办法》和2007年4月的《天津市地下管线工程信息管理办法》，并专门成立了管理信息中心负责地下管网的信息化管理。《天津市地下管线工程档案信息动态管理办法》明确规定建设单位在申请地下管线规划报建手续前，应向天津市地下空间规划管理信息中心查询地下管线现状资料。规定执法监察处应组织各区处指定专职执法监察人员对本区内已开工的地下管线工程项目进行跟踪督查，确保各项地下管线工程按要求在覆土前实测竣工图。《天津市地下管线工程信息管理办法》强调现状管线信息汇交要求，明确了天津市规划局负责全市地下管线工程信息统一管理工作，天津市地下空间规划管理信息中心负责地下管线工程信息的日常管理工作和中心城区地下空间信息的具体工作，并对各区、县地下管线工程信息管理工作进行业务指导。

（4）深圳市

深圳市地下管线管理的行政审批环节主要依据2009年市政府出台的《深圳市人民政府机构改革方案》中划定的各组成部门或直属机构的职责

界定而定。主要有市发展和改革委员会（以下简称市发改委）、市规划和国土资源委员会、市交通运输委员会（以下简称市交委）、市科技工贸和信息化委员会、市人居环境委员会、市公安局交通警察局（以下简称市交警局）、市住房和城乡建设局（以下简称市住建局）、市水务局、市城市管理局（以下简称市城管局）、市档案局（城建档案馆）、市建筑工务署、各区政府及新区管委会等。地下管线管理所涉及的主要管线单位约有十余家，分别为供排水行业的市水务集团，供电行业的广东电网深圳供电局，燃气行业的深圳燃气集团、广东大鹏 LNG 公司、中国石油公司深圳分公司，通信行业的中国电信深圳分公司、中国移动深圳分公司、中国联通深圳分公司、天威视讯公司、市通信管道公司以及跨行业的招商集团等。

　　深圳市地下管线的建设管理分两种情形，一种为随道路同步建设的，另一种为地下管线单独建设的。随道路同步建设的是道路规划的一部分，一般由政府投资建设，由市建筑工务署负责具体的建设工作。地下管线建设的相关规划包括规划管理部门主持编制的城市规划项目中的市政配套规划内容和市政专项规划项目中的管线规划内容与水务、电力等各地下管线主管部门主持编制的管线专业规划。深圳市城市规划委员会同时也是深圳市地下管线建设相关规划的主要审批部门。

　　深圳市 2004 年 3 月出台了《深圳市城市规划标准与准则》，主要规定了各类市政类地下管线在道路两侧布置时的一些技术要求。2009 年 2 月，深圳市出台了《深圳市城市道路管理办法》，针对城市道路用地红线内的地下管线建设做出规定，如市规划主管部门在审定新建、扩建、改建城市道路工程的初步设计方案时，应当征求道路主管部门、公安交管部门以及依附于城市道路的各种管线、杆线设施管理单位的意见。2010 年 1 月，市档案局出台了《深圳市建筑工程文件归档管理办法（试行）》，针对建设工程档案文件的完整性、真实性和准确性做出规定。2011 年出台的《深圳市地下管线管理办法》，包括规划管理、建设管理、维护管理、信息与档案管理和法律责任，强调了地下管线规划在地下管线建设中的先导性和重要性。

（5）杭州市

《杭州市城市地下管线建设管理条例》是全国首部规范城市地下管线建设的地方性法规，2009 年 1 月 1 日起正式实施。《条例》规定道路建设单位应当按照规划要求为城市地下管线预埋横穿道路的管道、城市地下管线工程竣工后由市规划性质主管部门申请规划验收、城市地下管线信息数据的交互格式标准及城市地下管线建设管理信息系统由市建设行政主管部门负责建设、维护、更新和管理等实质性内容。[1]

（6）宁波市

宁波市出台专门规范地下管线的法规规章包括由宁波市政府发布的《宁波市城市建设档案管理规定》（2002 年 8 月）、《宁波市地下管线井盖管理暂行规定》（2003 年 7 月）、《宁波市市政设施管理条例》（2004 年5 月）和由宁波市规划局发布的《宁波市工程管线信息管理办法》（2008年 6 月）。2005 年宁波市成立地下管线普查领导小组办公室，开始开展中心城区地下管线普查工作，现已基本完成了普查工作，查明地下管线长度达 4411 公里。完成了数据采集、建库以及共享交换标准，建立了宁波市综合管线信息管理系统、宁波市综合管线窗口出图服务系统、宁波市综合管线网上服务系统以及宁波市综合管线数据共享与应用服务组建包。为了巩固这次普查成果，实现管线数据的动态更新，保证管线数据的现时性，宁波市主要采用以地下管线竣工测量为核心、局部地段的修测为补充的地下管线更新体制：对新建小区配套管线和新建道路配套管线试行严格的管线竣工测量制度以此更新管线数据；对涉及已建道路开挖埋设管线，规划和城管部门加强配合，尽可能保证管线竣工测量，确实是市政府重大紧急工程的，采用局部补测的办法，实现管线数据更新。

---

[1] 百度百科. 杭州市城市地下管线建设管理条例[EB/OL]. http：//baike.baidu.com/link?url=no1hDX_gLS3pjQZk7Lgo-yDPxd8ONJqsHac6qiCniRvzBpiH3UqPQxhciSuc24Q77D6OL23cTOwF-6ms3iezsa.

（7）常州市

常州市规划局内设市政规划管理处，负责组织全市地下管线普查工作、市政管线规划方案审查和综合协调，并核发市政建设工程规划许可证。常州市地下管线、杆线的规划管理主要分为城市道路、开发地块、单独高压杆线管线三类。城市道路管线和开发地块管线，由统一规划设计部门编制管线规划，经常州市规划局审批完成后，建设单位依据管线规划另行委托编制管线综合图，由规划局召集各专业管线权属单位召开管线协调会。会议旨在协调各专业管线管位、标高、立体交叉等方面的矛盾，及市政配套设施是否完善、布局是否合理、走线是否经济。会后拟定会议纪要，编制单位根据会议纪要进一步完善管线综合图，并作为各专业管线单位编制各自施工图的重要依据。最后，建设单位凭借管线综合图、管线施工图等申领市政建设工程规划许可。[1] 如图2-4所示。

单独 35kV 以上（含35kV）高压杆线管线路径的审批，先由供电部门提出初步意见，根据初步意见委

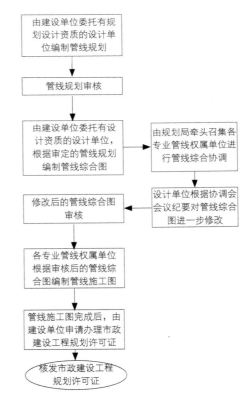

图2-4 常州市管线建设审批流程
资料来源: 常州规划网. http://www.czghj.gov.cn/index.asp.

[1] 资料来源: 常州规划网. http://www.czghj.gov.cn/index.asp.

托编制路径规划图后报批，并随后编制施工图，申领市政建设工程规划许可证。

常州规划局强调地下管道空间的共建共享，弱电杆线、管线、光缆在规划管理中严格要求第三方统一按共同沟形式建设，目前中心城区已经改变通信杆线"私拉乱接"的旧格局。2010 年 3 月常州市规划局适时提出开展地下管线三维可视化工作，通过"道路透明化、管线可视化"的技术手段，建立"先进、实用、面向城市规划管理、便于社会拓展应用"的地下管线三维可视化系统。编制常州市地下管线三维可视化技术规程，并完成了拓展应用需求分析软件开发，完成了近 10 多条道路管线总长约 1248 公里的地下管线三维可视化数据入库和数据开发，该项目被列入江苏省 2011 年度建设领域科技示范工程指导性项目（苏建计 [2011]634 号，编号 JS2011ZD17），2011 年 11 月系统正式运行。

（8）厦门市

厦门市地下管线信息化建设起步较早，其项目在全面规划并经厦门市发改委立项后，由厦门市建设与管理局负责组织实施，具体工作由市城建档案馆承办。项目内容主要是普查探测、数据建库、系统开发，整个项目分两期进行：2002 ～ 2005 年完成一期工程，一期工程的范围是厦门岛及鼓浪屿（湖里区、思明区），总投资 2100 万，探测管线的总长度 5600 多公里；二期工程为 2008 ～ 2010 年，探测范围是岛外海沧区、集美区等四个区，总投资 1700 万，目前正在实施。项目投资主要由市财政负责解决，各专业管线单位自己投资完成专业管线信息系统的建设。2004 年 7 月厦门市人民政府就以第 112 号令颁布了《厦门市地下管线工程档案管理办法》，建立了管线信息管理机制；制定了一系列与《办法》相配套的规定制度、技术标准及项目技术文件。政府主要职能部门共享相应管线信息，各管线权属单位共享本专业管线信息，这样不但实现了综合管线信息的集中管理，提高了管线信息化水平，而且实现了信息的共享。其地下管线网络系统主要以电子地图为基础，通过地下管线信息和城市基础空间信息的联合查询、统计和分析，构建了以 GIS 技术为平台的管理模式。项目整体技术成果和管理经验处于国内领先地位。[1]

（9）东莞市

东莞市政府出台的《东莞市地下管线管理办法》（政府令[2012]125号）中指出，地下管线包括建设于城市地下的给水、排水、燃气、供热、电力、通信、输油、照明、公共监控视频、广播电视、工业等各种管线、综合管沟（廊）及其附属设施。东莞市城乡规划行政管理部门负责当地地下管线综合管理工作，并组织实施本办法；同时负责东莞市地下管线的规划、探测、信息和档案管理工作。城市发展和改革行政管理部门负责当地地下管线项目的立项管理。城市建设行政管理部门负责当地地下管线建设工程施工现场安全监督管理。城市管理行政管理部门和交通主管部门、公路管理机构按各自职责分工负责当地地下管线占道掘路、顶管穿越和架空跨越施工作业监督管理。公安交通行政管理部门负责当地地下管线占道掘路施工作业交通安全监督管理。安全生产监督行政管理部门负责地下管线生产经营单位的安全生产综合监督管理。区（镇）规划管理部门负责对辖区内的地下管线进行监督管理。地下管线建设、运营和管理，实行统一规划、合理布局、分工协作、综合管理、信息共享、保障安全的原则。当地给水、排水、燃气、供热、电力、通信、输油、照明、公安交通、广播电视、工业等地下管线行业主管部门，按照各自职责实施监督管理。各管线行业主管部门通过日常的督查工作、组织对地下管线维护管理的专项检查等来确保运营安全。

（10）南宁市

南宁市已出台《南宁市市政管廊建设管理暂行办法》（南府发[2005]133号）和《南宁市市政设施管理条例》（2012年修订），其中《南宁市市政设施管理条例》所称市政基础设施仅包括城市道路、城市排水设施和城市照明设施。《南宁市地下管线管理条例》正处于立法调研阶段。南宁市注重发挥规划部门的"龙头作用"，城市规划管理权没有下放到各开发区，对

---

[1] 资料来源：关于厦门、长沙地下管线档案管理工作的考察报告. http://www.hbrc.com/rczx/shownews-4446821.html.

全市范围内的地下管线实行统一、严格的规划管理；在地下管线工程建设施工前，必须经过规划部门审批，否则不能开工建设；地下管线资料由规划部门统一管理，城建档案馆是规划部门的下属事业单位。南宁市为便于地下管线的统一规划管理，每个管线单位都抽派 1 ~ 2 名管理人员长期在规划局联合办公。南宁市在 2006 年成立南宁市市政管廊建设管理公司（简称"管廊公司"），隶属于南宁市城建集团，授予特许经营权，负责全市范围供水、弱电（通信类管线）、燃气、供电等城市管线的投资、建设（直埋为主，共同沟为辅）和经营管理业务，以出租、出售和提供日常维护管理服务等方式收回投资成本。为保证管廊公司特许经营权益，南宁市规划局目前只受理来自管廊公司一家的地下管线工程报建，由一家公司来负责全市范围内的管线建设，更有利于政府的统筹指导，进而达到地下管线与道路同步建设的目的。[1]

（11）西安市

西安市企事业单位自用的地下管线、军事专用地下管线的安全管理通常遵照相关的法律、法规和规定来执行。《西安市城市地下管线管理办法（试行）》规定规划、建设、公安、市容园林和城管执法等部门按照各自职责做好地下管线的管理工作。地下管线建设完工后，建设单位会组织地下管线工程勘察、测绘、设计、施工、监理单位及市城建档案馆进行竣工验收。经验收合格后，方可交付使用。市政行政主管部门负责监督地下管线产权、管理单位对地下管线安全运营维护的管理。市政行政主管部门通过日常的督查工作，并定期组织对地下管线维护管理的专项检查，来确保地下管线的运营安全。地下管线产权、管理单位及养护作业单位对市政行政主管部门的工作给予配合。[2]

地下管线建设施工发生挖破、碰断、损毁地下管线事故时，施工单位应该立即启动应急预案，并向市市政行政主管部门和相关地下管线产权、

---

[1] 南宁市政务信息网. http://www.nanning.gov.cn/n722103/.

[2] 整理自西安市市政公用局网站. http://www.xaszgyj.gov.cn/.

管理单位报告,封闭控制事故现场,配合地下管线产权、管理单位做好抢修、维修工作,及时恢复管线正常功能。[1]

（12）昆明市

《昆明市城市管线管理条例》（市府令 [2012]13 号）由昆明市人民政府于 2012 年 11 月 29 日发布,《条例》所称城市地下管线,是指建设于城市地下的给水、排水、燃气、热力、电力、通信以及工业等管线、综合管沟及其附属设施。规定城乡规划行政管理部门负责昆明市管线规划、探测、信息和档案管理,编制市政管线建设年度计划。市政府对综合管沟实行特许经营制度,鼓励社会资金投资建设综合管沟,按照谁投资、谁受益的原则,投资人可以有偿出租或者转让。规定管线工程完工后,建设单位应当通知测量单位进行竣工测量,及时向城乡规划行政管理部门申请规划核查。规定城乡规划行政管理部门应当做好管线信息的收集、整理入库、维护、利用和保密工作,及时更新管线信息。[2]

昆明市设有城市地下管线探测办公室,为隶属于市规划局的事业单位,它的主要职责包括：①负责开展城市地下管线普查工作,将普查数据资料验收入库；②负责城市地下管线信息系统的运行、维护、升级和数据更新工作；③按照行政主管部门的安排,参与城市地下管线工程的规划验线、竣工验收和跟踪测量等工作；④开展城市地下管线的研究工作,为城市地下管线的规划、建设、管理提供技术支持；⑤开展有关城市地下管线方面的技术咨询、设计、探测等服务,探测办的成立将使昆明市的地下空间信息资源得到有效的整合,为滇池治理及昆明市将来的地下空间规划与发展提供不可或缺的、持续的基础地理数据资源支持。[3]

（13）哈尔滨市

《哈尔滨市地下管线管理暂行办法》（市府令 [2010]224 号）由哈尔滨市

[1] 张文.《西安市城市地下管线管理办法（草案）》审议通过——新建道路5年内禁开挖敷管线[EB/OL].西安日报,[2011-12-06]. http://epaper.xiancn.com/xarb/html/2011/12/06/content_71980.htm.

[2] 整理自昆明市规划局网站. http://ghj.km.gov.cn/.

[3] 整理自昆明市政府网站. http://www.km.gov.cn/structure/index.htm.

政府 2010 年 8 月公布，所称地下管线，是指城市供水、排水、燃气、热力、工业、电力、通信、广电、照明、交通信号、公共视频监控、铁路信号等管线（含附属设施）及相关缆线共用沟、管道共用沟等地下空间设施。哈尔滨市地下管线管理遵循统一规划、统筹管理、节约资源、信息共享、保障安全的原则。哈尔滨市城乡建设行政主管部门负责本办法的组织实施。城乡建设行政主管部门则可以委托市地下管线管理机构负责地下管线日常统筹管理工作。哈尔滨市发展和改革、工业和信息化、城乡规划、公安交通、住房保障和房产管理、水务、城市管理、财政、人防、交通运输、城市管理行政执法等行政主管部门按照各自职责，负责地下管线的相关管理工作。地下管线行业主管部门和地下管线建设单位应当按要求根据城市基础设施专项规划及行业发展需求，制订地下管线年度建设计划。[1]

（14）长春市

2004 年长春市政府为加强本市道路和管线工程的规划管理，科学合理地利用城市空间，完善城市基础设施，出台了《长春市道路和管线工程规划管理办法》（市府令 [2004]7 号）。长春市城市科学研究会于 2005 年编写了《长春市城市地下管线综合管理研究报告》，2006 年长春市人民政府发布了《关于加强城市道路和地下管线管理的通告》（长府通告 [2006]6 号）；2009 年长春市城乡建设委员会发布了《关于规范地下管线工程施工许可管理的通知》（长城乡发 [2009]7 号）；2010 年对全市范围（四环路以内 3 米以上道路，不含小区庭院）地下管线进行了普查。为进一步加强城市管网建设与改造的统一领导，协调各相关单位及行政主体，探索地下管网规划建设管理的新模式，2012 年长春市成立了以主管城建的副市长为总指挥，主管城建的市政府副秘书长、市城乡建设委员会主任为副总指挥，相关部门总负责人、各行政管理区区长、各开发区管委会副主任、供电公司总经理等为成员的"长春市地下管线建设与改造指挥部"，指挥部为临时机构，

---

[1] 百度百科. 哈尔滨市地下管线管理暂行办法[EB/OL]. http: //baike.baidu.com/link?url=92G−o7RB−3v4CYS7VR7qSB2_Bk_Mh9kB4S5259_ZwE−D0Lqvzf0hyPWzlMkdd738TVV9hnxJp36CRwLGks68b_.

下设办公室，抽调相关业务领导，负责城市管网建设与改造的最终决策，将统一规划、统一设计、统一实施、统一管理，集中解决长春市地下管网存在的问题。按照文件规定：长春市地下管线建设与改造指挥部的职能是贯彻落实市委、市政府关于城市管网建设与改造的总体部署，对城市管网建设与改造工程进行决策、指导并组织实施，协调解决存在的问题，制订城市管网管理办法，决定其他相关重大事项。定位为：高层次地对地下管网建设与改造进行管理；参与管网建设与改造的规划设计把关；参与施工过程质量监管；参与工程质量验收及竣工资料的归档和管理；负责牵头召开疑难问题破解联席会；指挥部为城市管网建设与改造工程的最终决策部门。由于指挥部的临时性，缺乏相关立法和三定方案可以利用，不具有审批和执法的职能，日常工作在市政府的高度重视下通过协调完成，因此对各管线权属单位约束能力欠缺，推进工作难度将加大。

长春市城市管网工程的投资模式：由政府主导，坚持市场化运作，以资源做支撑，采用 BT 或 BOT 模式，部分管网工程由产权单位出资。现有管理模式下，市政公用局管网普查原始资料和成果先移交城市管网建设与改造指挥部，同时交市城建档案馆管理备案。在法律法规、体制机制尚不完善之前，由城市管网建设与改造指挥部负责协调相关行政管理部门，进行管线动态更新、资料收集整理等工作，建立"标准统一、资源整合、综合利用"的地下管线数字信息平台，遵循保密制度，实施信息资源共享。待法律法规、体制机制完善之后，移交相应的行政管理单位。

（15）长沙市

长期以来，长沙市地下管线工程档案一直都是管线建设单位自行收集和保管，且残缺不全。地下管线工程档案管理一直滞后于城市的建设和发展，管理技术手段落后。由于信息不畅、情况不明，造成地下管线乱挖乱埋。由于缺乏地下管线工程档案，多数建设单位在施工前未能向施工单位提供施工范围内的地下管线的类型、埋深、标高及走向等信息，或者提供的信息不准确，致使施工中挖断地下管线的事故时有发生。随着长沙市的快速发展，城市道路开始大范围新建、改建或扩建，各种地下管线工程建设也成倍增长，已建成的地下管线纵横交错，地下管线也由单一、简单的形式发展为包括给水、排水、燃气、热力、电力、通信等多类别及多权属管理、布局复杂的网络。因此，这种落后的地下管线管理方式已经难以适应现代化城市建设的需求，严重制约了城市建设与发展的速度。基于上述问题，2004 年 11 月，长沙市政府经过深入调研，早在建设部出台《城市地下管线工程档案管理办法》之前，颁布了全国第一部地下管线工程档案管理条例——《长沙市城市地下管线档案管理条例》，将地下管线工程档案的管理纳入法制化轨道。《条例》规定："市城市建设档案馆应当运用现代信息技术管理地下管线工程档案。开发地下管线工程档案信息资源，向社会提供服务。"2005 年底，长沙市投资 3300 多万元，启动了地下管线信息化建设和数字城建档案馆建设工程，由长沙市城建档案馆通过政府采购招标选定长沙市勘测设计研究院为乙方，合作研究开发了合理、高效、完善的长沙市地下管线动态管理系统。该系统是集城市地下管线、地面构筑物和城市建设档案为一体的大型综合数据库，由各专业管线、勘察测绘院、城建档案馆共同管理。长沙市城建档案馆对数据库进行综合管理，协调部门关系；勘测院负责系统的开发、维护，较好地解决了资源整合、综合管线信息系统建设、数据更新维护等问题。[1]

（16）青岛市

青岛市市区地下管线管理在建设、运营、管理层的管理模式主要有公办公营式和专利经营式两种，前者适用于营利甚微的管线，市场机制介入程度比较低；后者则适用于有一定营利率或营利前景较好的管线，市场机制介入程度比较高。公办公营式由政府进行规划决策，生产建设运营管理主要由政府部门进行操办。专利经营式主要由商营企业进行决策，但政府参与规制，公众是参与管理的重要力量。这两种管理模式在目前青岛市市

---

[1] 刘丽媛.建立动态更新机制 "被动" 转为 "主动"——长沙市地下管线信息动态管理模式的成功实践[EB/OL].中国建设报，2007-12-10. http：//www.chinajsb.cn/gb/content/2007-12/10/content_228789.htm.

区地下管线管理中是并存的，一些关乎民生、营利性小的社会性管线，例如给水、排水，使用政府强制、公办公营式的管理模式；而营利性大的经济性管线，例如电信、燃气等，则主要采用协调发展、专利经营式的管理模式。青岛城市地下管线的协调管理具体方法如下：①规划审批方面。1991年，青岛市出台了《青岛市城市道路管线工程规划管理办法》，规定市规划管理部门是市政府对城市道路管线工程规划实行统一管理的行政主管部门，负责城市道路管线工程规划管理；负责城市综合管网规划，并组织各专业管线的专项规划编制工作；负责统筹各专业管线年度建设计划；负责管线建设规划许可审批以及施工放线、验线工作。②掘路审批方面。2004年，青岛市委、市政府下发了《关于进一步深化城市管理体制改革的决定》（青发[2004]23号），按照责权对等、分级负责的原则，将市政道路主要管理权限下放到区，实施属地化管理。由各区负责占用、挖掘道路许可，负责掘路现场管理和道路恢复工作。市建委和市公安局负责占用、挖掘跨区道路许可。对于特殊情况下的掘路审批。根据市城管办《关于全市重大活动及旅游季节期间主要道路挖掘事宜的通知》（青城管办字[2005]7号）和市建委《关于道路挖掘有关事宜的会议纪要》（青建委[2005]3号）精神，全市重大活动及旅游季节期间，对占用、挖掘东海路等26条主要道路和大修翻建3年内道路的，须由市城管办及有关部门核准备案后报市政府审批。对其他58条主要道路进行占用、挖掘的，须经市城管办及有关部门核准批复后实施。③建设和运行管理方面。根据部门职能和各专业管线管理规定，市政、通信、电力、广播电视、人防、驻军、企业等是各类地下管线的行业管理部门和权属单位，负责地下管线建设和维护管理。各行业管理部门和管线权属单位负责管线建设全过程的监督管理和日常运行维护，负责制定本专业地下管线突发事件应急预案，组织应急抢险工作。[1]

青岛市缺乏科学的协调机制导致的状况体现在以下几个方面：①城市管理机构设置不规范、不统一，引起职能不明晰。工作中存在诸多"扯皮

---

[1] 于业红. 青岛市市区地下管线管理模式研究[D]. 青岛理工大学, 2010.

打架"现象，缺位、越位现象时有发生，从而严重影响和限制了城市管理职能的发挥。虽然青岛市目前由规划部门在规划审批上进行了把关，但后期施工、竣工，特别是档案移交等方面的监督管理基本空白。由于各管线权属管理分属不同部门，在管线建设的要求方面不尽一致，加之统一规划、协调力度不够，导致管线的布设、施工、管理缺乏科学性。受经济利益的驱动，各专业管线所有权单位各自为政，将地下管线及其资料据为己有，重复投资建立各自的地下管线数据库，既浪费人力、财力、物力，又达不到预期的目的，严重地影响了管线建设和管理的统一性，实现不了地下管线的动态管理和资源共享。[1]②由于没有统一的组织机构进行把关和监督，地下管线管理基本上达不到统一规划和管理的目的，计划外的道路、管线建设项目较多，使青岛地下管线建设与道路建设难以全面统筹，相关的资料无法统一管理，也无法为下步工程建设提供依据，"马路拉链"屡禁不止，工程事故时有发生。

（17）四平市

四平市的地下管线相关工作主要由四平市住房和城乡建设局负责，地下管线建设、审批、监管、维护等方面的主要职责是：贯彻执行国家和省有关城市规划、公用事业、城市基础设施建设等方面的方针、政策、法规，负责全市城市规划及地下管线相关方案的编制、申报、审批，并对地下管线建设情况进行监督和审核，规范建筑市场，同时对污水、燃气、热力等各类管线的运营进行监管。其相关局属单位有四平供热管理处、四平市城市管理办公室、四平市污水管理处、四平市城市规划管理处、四平市市政设施维护管理处、四平市城建档案馆等。

1997年四平市出台《四平市城市燃气管理实施办法》（市府令 [1997]63号），目前四平市住房和城乡建设局已经拟定了《四平市城市地下管线工程规划管理办法》和《四平市城市地下管线工程档案管理办法》，两个《办法》已组织专家论证，正在广泛征求社会各界意见，计划修改完善后，由

---

[1] 于业红.青岛市市区地下管线管理模式研究[D]. 青岛理工大学，2010.

市政府颁布实施。《四平市城市地下管线工程规划管理办法》主要是对城市地下管线的管理范围、内容、规划设置规定、规划管理、信息系统管理、法律责任等做出具体规定。《四平市城市地下管线工程档案管理办法》主要是在档案的收集、查询、告知、集中管理、备案管理、施工管理、竣工管理等方面做出具体规定。

我国大部分中小城市还没有一套完整的地下管网信息管理系统。四平市的思路是按照"集中管理，数据共享"的管理要求，对各种管线数据进行分类、处理、更新入库、管理和分发，实现集中统一管理下的信息共享。在现有 1 ： 500 数字化地形图和管网普查图的基础上，进一步普查街坊（由市政道路围成的地块，包括小区及企事业单位）内各种地下管线的实际状况，并将其纳入信息化管理系统。市住建局规划处已向各产权单位下发《关于四平市总体规划范围内地下管网普查的通知》，要求各管线产权单位把市区范围内敷设的地下管线竣工资料报送规划处，经过信息整理、录入，把缺失的信息尽快补充到管理信息系统中，实现地下管网信息管理的全覆盖。

（18）台湾地区

和大陆城市一样，台湾地区也没有一部专门的"地下管线管理规定"，与大陆"多部门管理"的现状相对应的是"多法管理"，即其对地下管线的规范散见在各地方自治团体的地方性立法中，其分布分散，涉及的内容包括道路挖掘、管线设置位置、管线迁移的规定、管线作业人员安全、管线设置的技术性规定、管线资料的保送等方面，涵盖管线管理可能面临的所有问题。台湾地区管线资料库的建置基于两个前提：管线单位的资料报送义务和道路挖掘前的查询义务。如台北市规定管线机构有义务将所属现有及计划之管线埋设数据，依据政府规定之年限、数值数据文件格式，传送管理机关建立公共管线数据库。资料库系统以县市为中心，通过网络实时汇集所有相关数据进行统计分析，并作为决策支持之重要参考资料。资料库配有对外服务系统，设有案件审核、施工状态查询、案件注销、撤销、完工回报、禁挖查询等模块，同时兼具管理和对外服务的功能。经济部规定针对所属的管线单位埋设地下管线，应事先查询管线配置情形并主动协调，确保既有管线之安全。[1]

台湾地区针对地下管线发展存在的问题自 1980 年代开始研究综合管沟建设方案，1990 年制定了《公共管线埋设拆迁问题处理方案》来积极推动综合管沟建设。1992 年委托中华道路协会进行共同管道法的立法研究，制定共同沟标准。2000 年 5 月 30 日通过立法程序，同年 6 月 14 日正式公布实施《共同管道法》，由台湾内政部负责。2001 年 12 月颁布《共同管道法施行细则》（2001），随后陆续颁布《共同管线系统使用土地上空或地下使用程序使用范围界限划分等级征收及补偿审核办法》（2002）、《共同管道建设及管理经费分摊办法》（2002）、《共同管道工程设计标准》（2003）、《共同建设管线基金收支保管及运用办法》（2003），并授权当地政府制订综合管沟的维护办法，如台北市颁布《台北市市区道路缆线管理设置管理办法》（2003）等。

《共同管道法》规定共同管道的管理实行综合管理与各事业单位专门管理相结合的管理体制，共同管道开发利用机制呈现如下特点 [2]：①共同管道的主管部门会商各管线事业机关，规划辖区共同管道，直辖市与县市共同管道系统报中央主管部门核实并公告，其实施计划纳入工程计划并执行；②相关管线除了经政府主管部门允许之外，均强制纳入共同管道，共同管道规划同时制定禁止挖掘道路范围并公告；③共同管道可以由各主管机关管理，也可以委托投资新建者或者专业机构管理，共同管道中公共设施及附属设施由各专业机关管理，并定期巡检；④共同管道建设及管理经费分摊办法，由中央主管机关会商中央目的事业主管机关确定。

关于共同管道建设经费的筹集和使用，《共同管道建设及管理经费分摊办法》（2002）规定，共同管道完成后，为负担共同管道经费的新增管线

---

[1] 陈无风，张晓军，徐匆匆. 大陆与台湾地区地下管线管理的法律体系之比较研究[J]. 城市发展研究，2013（3）：119–125.

[2] 刘春延，束昱，李艳杰. 台湾地区地下空间开发利用管理体制、机制和法制研究[J]. 辽宁行政学院学报，2006（3）：9–11.

进入共同管道，主管机关可以收取使用费。中央主管机关依管线事业机关的申请，可以就其应负担共同管道建设部分经费酌情给予贷款，贷款由中央主管机关设置的共同管道建设基金支付。此外《促进民间参与公共建设法》推动民间机构参与公共建设，行政机关配套立法包括：《机构参与交通建设长期优惠贷款办法》（1995）、《民间机构参与交通建设使用投资抵减办法》（1995）、《政府对民间机构参与交通建设补贴利息或投资部分建设办法》（1996）、《土地开发配合交通用地取得处理办法》（1997）、《民间参与公共建设申请及审核程序争议处理规则》、《促进民间参与公共建设法实施细则》、《民间参与经建设施公共建设使用土地地下处理机审核办法》、《促进民间暗语公共建设公有土地出租及设定地上权租金优惠办法》、《公营事业转移民营条例施行细则》、《促进民间参与交通建设与观光游憩重大设施使用土地上空或地下处理及审核办法》等。至此台湾地区继日本之后成为亚洲具有综合管沟最完备法律基础的地区，台北、高雄、台中等大城市已完成系统网络的规划并逐步建成。到 2002 年，台湾共同管道的建设已逾 150 公里，累积的经验可供我国其他地区借鉴。

四、城市地下管线制度与职能

1. 城市地下管线权属登记制度

（1）权属登记背景

城市地下管线位于城市地下空间，地下空间的使用权是对土地地表之下一定范围内的空间所享有的财产性权利。我国现行法律规定，地下空间使用权属于法律所认可的一项财产权，其性质属于用益物权，使用人可以通过建设用地使用权取得的方式依法申请取得地下空间使用权。因此对城市地下管线的权属进行登记确认，可以明确界定地下空间使用权的归属，明晰各个当事人的权利范围，确立地下管线所有权人与使用权人之间的关系，理清有关各方的权利义务关系，对有效化解各种矛盾，加强地下管线的设施建设、日常管理、修缮维护及市场化运作，具有十分重要的意义。[1]

（2）权属登记配套法规

涉及城市地下管线权属登记的法律法规主要包括：《中华人民共和国土地管理法》、《中华人民共和国城市房地产管理法》、《中华人民共和国城乡规划法》、《中华人民共和国人民防空法》、《中华人民共和国物权法》、《城市地下空间开发利用管理规定》（建设部令 [2001] 第 58 号）等。现有 3 部部门规章、68 部地方法规、规章中使用"地下管线产权单位"这一名称。界定地下管线产权归属规范的只有《城市地下空间开发利用管理规定》第二十五条，即：地下工程应本着"谁投资，谁所有；谁受益，谁维护"的原则，地下管线产权的这种界定方式与《物权法》第九条对不动产物权的规定存在一定矛盾。

（3）登记制度内容与程序

管线依附的土地与空间的使用权、管线设施本身的所有权，根据《中华人民共和国土地管理法》之规定，土地使用者获得土地使用权，必须向县级以上地方人民政府土地管理部门提出土地登记申请，由县级以上地方人民政府对其所使用的土地登记造册，核发国家土地管理局统一制定的国有土地使用证，确认其使用权。而城市地下管线依附于城市国有土地下，通过地下空间使用权确认登记。相关职能部门通过审查和确认地下管线与地下空间使用权权利人、权利的性质、权利来源、取得时间、变化情况和使用面积、结构、用途、价值、等级、坐标、形状等，从而在专门的簿册中对地下管线及其所依附的空间使用权和其他权利进行记载，并设置登记册，按编号对登记事项作全面记载。地下空间使用权确认登记的程序一般要有登记申请和受理、勘丈绘图、产权审查、绘制权证、收费发证五个阶段。

各类地下管线所有权分属于不同的产权单位，如通信、电力、热力、天然气、自来水、污水等管线，在地下平铺直埋如同"蜘蛛网"一般。目前我国城市管网系统大致可以分为公用管网和专用管网两种类别，其中，

---

[1] 魏秀玲.中国地下空间使用权法律问题研究[M].厦门：厦门大学出版社，2011.

公用管网一般由政府出资建设，由规划、建设、环保进行审批、管理和维护；而专用管网则是由各个所属产权单位投资、建设和管理，其所有权属于专业公司。在功能结构上，城市管网担负着城市的补给以及排泄功能，是不可分割的整体，但是，却由于其管理产权的所属问题，造成了两类管网之间的衔接问题。[1]

2. 市政基础设施特许经营制度

（1）特许经营制度在管理过程中的适用范围

城市市政基础设施的特许经营权是城市最宝贵的资产，特许经营权设定的原则是既满足公共服务又兼顾效率，近几年特许经营制度在城市地下管线的建设和经营行业中得到了广泛且较好的应用，极大地推动了市政公用事业市场化改革的进程，提升了城市公用事业的建设和发展水平。实践证明，科学妥善解决我国大中型城市中为公众提供满意的公共服务，满足人民群众对城市公用事业服务（产品）日益增长的需求的问题，仅靠政府的作用是远远不够的。特许经营制度为大型城市尤其是特大型城市公共服务和公用事业的巨大需求提供了新的解决思路和制度安排。

近年来各地政府对公用事业管理体制进行逐步改革，打破公用事业长期以来政企不分、政事不分、事企不分的格局，推动了市政公用事业企业与政府脱钩、走向市场。以北京市为例：在 20 ~ 21 世纪之交，北京对全市公用企业进行了集团化战略性改组，先后组建了北京市自来水集团、燃气集团、供热集团、环卫集团、排水集团等集团公司，并分别实施不同的管制政策。目前，北京市已有 30 多个市政公用事业（基础设施）建设项目实施了特许经营模式，项目分布于轨道交通、污水处理、垃圾处理、燃气供应、自来水供应、环卫作业、供热、高速公路、市政设施、加油站等行业和领域。在特许经营模式选择上，北京市坚持从项目实际情况出发，运用了 BOT、TOT、BT、BOO、DBFO 等多种模式，并在实践中创造了

---

[1] 解周楠. 城市管网的建设[J]. 科技传播，2011（6）：201-202.

许多新的具体应用模式，取得了良好效果。[1]

2013 年 8 月，伴随着《引进社会资本推动市政基础设施领域建设试点项目实施方案》（后简称《方案》）在第五届投资北京洽谈会上的发布，民进资本在北京城市公共设施建设及公共服务提供领域逐步开始扮演重要的主体性角色。根据《方案》规定，轨道交通、城市道路、综合交通枢纽、污水处理、固废处置等六大市政基础设施领域降全部向社会资本开放，并推出共 126 项试点方案，涉及社会资本投资 1300 亿元，其中首批"市场化"试点方案 27 项，包含北京地铁 13 号线、16 号线、新机场高速、苹果园交通枢纽、国道 110 二期、东南循环经济园区及顺义新城牛栏山组团供热工程等。

在基本理论方面，伴随着公私合营模式在世界范围的普及与发展，国际上关于 PPP 模式的基本理解和认识已经有了较为成熟的统一认识。根据民间资本对项目设计（Design）、建设（Build）、融资（Finance）、运营（Operate）和转移（Transfer）等环节的参与程度目前采用的"公共资本民间资本合作（PPP）"模式主要分类型见表 2-21。

特许经营模式分类   表 2-21

英文名称	英文简称	中文含义
Operation and Maintenance Contract	O&M	经营与维护
Design Build	DB	设计—建设
Design Build Major Maintenance	DBMM	设计—建设—主要维护
Design Build Operate（Super Turnkey）	DBO	设计—建设—经营（超级交钥匙）
Lease Develop Operate	LDO	租赁—开发—经营
Build Lease Operate Transfer	BLOT	建设—租赁—经营—转让
Build Transfer Operate	BTO	建设—转让—经营
Build Own Transfer	BOT	建设—拥有—转让

---

[1] 杨松. 北京市政公用事业特许经营制度创新研究[M]. 北京：知识产权出版社，2012.

续表

英文名称	英文简称	中文含义
Build Own Operate Transfer	BOOT	建设—拥有—经营—转让
Build Own Operate	BOO	建设—拥有—经营
Buy Build Operate	BBO	购买—建设—经营
Contribution Contract	CC	捐赠协议

资料来源：王灏. PPP（公私合伙制）的定义和分类探讨 [J]. 都市快轨交通，2004（l0）：1-10.

（2）特许经营权准入与退出条件

准入条件。我国法律、法规规定，企业通过招投标方式从政府手中获得特许经营权。2004 年建设部发布《市政公用事业特许经营管理办法》（建设部令 [2004]126 号）第七条规定，参与特许经营权竞标者应当具备以下条件：① 依法注册的企业法人；② 有相应的注册资本金和设施、设备；③ 有良好的银行资信、财务状况及相应的偿债能力；④ 有相应的从业经历和良好的业绩；⑤ 有相应数量的技术、财务、经营等关键岗位人员；⑥ 有切实可行的经营方案；⑦ 地方性法规、规章规定的其他条件。

退出条件。市场退出与市场准入机制同样重要，有市场准入就应当有市场退出的安排。退出机制是保持市政公用事业特许经营竞争活力、防止形成新的市场垄断的重要措施。对特许经营者的退出有以下几种原因：① 监管机构提前终止协议而导致经营者的退出，包括：一是经营者严重违约（违反法律，不履行检修保养和更新改造义务、危害公共利益和公共安全的，擅自转让、出租、质押、抵押或者以其他方式擅自处分特许经营权或者特许经营项目资产的，擅自停业、歇业的，法律、法规规定或者特许经营协议约定的其他情形）；二是经营者破产；三是经营者以欺骗、贿赂等不正当方式获得特许经营权而被撤销；四是出于公共利益的需要提前终止协议的权利。② 特许经营者提前终止协议而导致的退出，包括：一是监管机构严重违约；二是特许企业单方面提出解除协议；三是履约条件发生重大变化。③ 双方相互同意提前终止协议而导致经营者的退出协议中的任一方提出终止项目协议，在与对方充分协商后，双方共同同意变更或解除协议，经营者可以退出。④ 不可抗力导致经营者的退出，如果当事各方因出现项目协议中所界定的某种可免除责任的不可抗力而长期无法履行其义务，则任何一方可以终止项目协议。⑤ 特许经营协议期满而导致经营者的退出，即特许经营权期满后，企业不再寻求延长特许经营期或再次参与特许经营权标，则协议自动终止，经营者自动退出。[1]

（3）城市地下管网现有特许经营制度程序

《市政公用事业特许经营管理办法》第二条要求"通过市场竞争机制选择市政公用事业投资者或者经营者"，强调了特许经营权的授予必须采取竞争机制产生，即招标方式。综合我国有关法律和具体实践的做法，我国市政公用事业特许经营权的授予主要就是行政许可和公开招标这两种方式。

行政许可方式是政府通过颁发授权书的形式许可特定的经营者从事某些市政公用事业的特许经营。涉及城市地下管网的行政许可事项主要包括供水、排水、污水处理、节水、燃气服务等。当行政机关做出准予行政许可的决定时，需要颁发行政许可证件的，应当向申请人颁发加盖本行政机关印章的行政许可证。

公开招标的方式是通过公开的招标方式来确定特许经营者。实施机关按照实施方案，通过招标等公平竞争方式确定特许经营者并与之签订特许经营协议。《市政公用事业特许经营管理办法》第八条对特许经营权的招标程序做出了原则性的规定，包括前期工作、招标、投标、开标、评标、决标、签订特许经营协议等方面的内容[2]。

3. 城市综合管廊有偿使用制度

（1）投资收益关系

市政综合管廊具有管线分散直埋方式所无法替代的许多优点，但是管

---

[1] 杨松. 北京市政公用事业特许经营制度创新研究[M]. 北京：知识产权出版社，2012：320.

[2] 杨松. 北京市政公用事业特许经营制度创新研究[M]. 北京：知识产权出版社，2012：42-47.

廊的建设不仅投资大，而且其投资分析论证、管理运行等均与我国沿袭多年的传统管线直埋方式不同，其发展不可避免地会遇到各种各样的困难和阻力。我国市政综合管廊面临投融资障碍，投融资体系难以建立的主要原因是盈利状况不佳，投资收益关系不明晰。目前市政综合管廊在我国仅仅在一些经济发达的城市（如上海、北京、深圳、东莞、成都）和一些现代化的高科技工业园（如北京未来科技城）、大学城中有探索性的建设。随着国家对地下空间资源开发利用和城市地下管网重视程度的提高，市政综合管廊的投资论证得到明确，引入市场化运作机制，实现多元化投资和建设，市政综合管廊建设将逐步得到推广。[1]

（2）所有权与经营权

《城市地下空间开发利用管理规定》（建设部令 [2001]108 号）第二十五条规定，地下工程应本着"谁投资，谁所有；谁受益，谁维护"的原则，允许建设单位对其投资开发建设的地下工程自营或依法转让、租赁。目前作为国有性质的通信、电力、广播电视、煤气、自来水等公用事业管道均属于国有资产，而对具有相同属性的综合管廊资源使用权和产权，我国还没有明确的法律规定，应当依法明确法人财产权，使公益性地下管道的产权归国家所有。

经营方面一般采用"公私合营"方式，即运营与维护（Operation and Maintenance）模式。其主要特征在于，政府部门与私营合作者签订契约，私营合作者运营和维护公共设施。政府的许多地下管线服务，如自来水供水、燃气供应、电力供应、通信服务、污水处理等，都可以通过这种方式。这种方式有利于节约成本，提高服务质量，在政府拥有所有权的同时将经营权交给社会经营管理，实现市场化运营。政府可以根据市场效益对经营企业收取租金或一定比例的利润提成以偿还最初修建时的投资，前提是不能削弱地下管线所有者对管线的控制权和监督权利，以免造成重大国有资产流失。

---

[1] 关欣.国内外综合管廊投融资现状分析[J].山西建筑，2009（5）：228-229.

（3）收费法律法规依据（表2-22）

目前我国关于地下管道空间资源有偿使用的政策依据主要包括《中华人民共和国土地管理法》、《中华人民共和国物权法》、《中华人民共和国城乡规划法》和《国务院关于促进节约集约用地的通知》（国发[2008]3号）等四部法律和规定，具体见表2-22。

地下管道空间资源有偿使用的政策依据　　　　　　　表2-22

法规政策名称	相关规定	政策法规的解读
《中华人民共和国土地管理法》	1. 城市市区的土地属于国家所有； 2. 国家依法实行国有土地有偿使用制度	地下管道空间属于国家所有，可以依法实行有偿使用
《中华人民共和国物权法》	建设用地使用权可以在土地的地表、地上或者地下分别设立	地下管道空间可单独设立建设用地使用权，可拥有独立产权身份
《中华人民共和国城乡规划法》	城市地下空间的开发和利用，应当与经济和技术发展水平相适应，……，并符合城市规划，履行规划审批手续	地下管道空间的开发利用必须符合城市规划并要经过规划部门的审批许可
《国务院关于促进节约集约用地的通知》（国发[2008]3号）	对国家机关办公和交通、能源、水利等基础设施（产业）、城市基础设施以及各类社会事业用地要积极探索实行有偿使用，对其中的经营性用地先行实行有偿使用	包括水务、煤气、电力等企业占用的地下管道空间也在有偿使用范围之内

资料来源：豆丁网．http：//www.docin.com/p-451009388.html.

4. 城市地下管线综合协调制度

（1）管线管理现状

通过梳理对比各地出台的城市地下管线管理办法，可以发现各大城市主要通过以下部门的分工来达到协调管理地下管线的目标：①规划行政主管部门负责地下管线的规划管理和信息档案管理；②住房和城乡建设行政主管部门负责地下管线的建设管理；③城市管理行政主管部门负责地下管线工程占用、挖掘城市道路的管理；④发展和改革、经济和信息化、交通运输、水利、公安、安全生产监督、质量技术监督、环境保护等行政主管部门按照各自职责，做好地下管线相关管理工作；⑤市城市地下管线数字化管理中心（或称管线中心）负责地下管线信息的收集、储备、更新、提供、利用及地下管线信息系统的建设、管理和维护工作；⑥地下管线产权单位和政府投资建设地下管线的管理或者使用单位（或称地下管线产权、管理单位）负责地下管线的日常管理和维护工作。

（2）综合协调机构

通过梳理对比各地出台的城市地下管线管理办法和现场调研，可以将我国地下管线管理协调机构类型主要分为永久机构管理、临时机构管理以及部门监管这三种模式。其中比较常见的管理类型是部门监管，设立临时管理机构和永久管理机构这两种方式比较少见。

1）永久机构

城市地下管线综合协调管理永久机构管理代表性城市为苏州市，设立了"苏州市地下管线管理所"来具体管理地下管线。《苏州市城市地下管线管理办法》规定，市规划、建设、市政公用部门按照各自职责负责管线工程的规划、建设和管理。苏州市地下管线管理所具体承担管线工程的综合协调和日常管理。发展和改革、安全生产监督管理、国土资源、水利、人防、环保、园林和绿化、交通、城管、公安、文广等部门，根据各自职责协同实施该办法。各区人民政府指定的相关管理部门按照权限负责本辖区管线管理工作。

2）临时机构

我国大部分城市采用成立领导小组或指挥部的临时机构模式进行地下管线的综合协调，如长春市、苏州市、西安市、银川市等，地下管廊建设成立专营公司的代表性城市为南宁市。《南宁市市政管廊建设管理暂行办法》规定，南宁市市政行政主管部门是南宁市市政管廊建设管理的主管部门，取得特许经营权的市政管廊建设管理公司负责南宁市市政管廊的投资、建设和经营管理业务。2006年成立南宁市创宁市政管廊投资建设管理有限公司，该公司获得市政管廊特许经营权，经营期限为 30 年，由该公司全面负责在全市城市规划区范围内对新建、改扩建和在建并具备建设条件的市政基础设施同步开展市政管廊建设。

3）部门监管

部门监管是委托规划行政主管部门统管或按照环节分工管理，前者代表性城市为上海市、哈尔滨市、成都温江区、珠海市、菏泽市、青岛市等，其中上海市、哈尔滨市、成都温江区、菏泽市、青岛市由规划行政主管部门监管，珠海市由市政主管部门监管；后者包括南京市、东莞市、徐州市、合肥市、北京市、淄博市、拉萨市等。

《上海市道路地下管线保护若干规定》规定，上海市城市规划管理局是该市管线工程的规划行政主管部门。区、县城市规划管理部门按照规定的权限，负责本行政区域内管线工程的规划管理，业务上受市规划局领导。上海市计划、经济、信息、市政、水务、绿化、交通等有关管理部门按照各自职责，协同实施该办法。《哈尔滨地下管线管理暂行办法》规定，市城乡建设行政主管部门负责该办法的组织实施。市城乡建设行政主管部门可以委托市地下管线管理机构负责地下管线日常统筹管理工作。市发展和改革、工业和信息化、城乡规划、公安交通、住房保障和房产管理、水务、城市管理、财政、人防、交通运输、城市管理行政执法等行政主管部门按照各自职责，负责地下管线的相关管理工作。《珠海市地下管线管理条例》规定，市市政主管部门负责地下管线的综合协调和监督管理工作。规划、建设、水务、交通、公安、国土、公路、人防和城市管理行政执法等部门按照各自职责做好地下管线的管理工作。市城市建设档案管理机构负责本市地下管线工程档案的收集、保管、利用以及地下管线信息系统的建设、管理工作。

《南京市城市地下管线管理办法》规定，规划行政主管部门负责地下管线的规划管理和信息档案管理，住房和城乡建设行政主管部门负责地下管线的建设管理，城市管理行政主管部门负责地下管线工程占用、挖掘城市道路的管理。发展和改革、经济和信息化、交通运输、水利、公安、安全生产监督、质量技术监督、环境保护等行政主管部门按照各自职责，做好地下管线相关管理工作。《淄博市地下建设管线管理办法》规定，市住房和城乡建设主管部门负责地下管线建设管理工作，市城建档案和地下管线管理机构具体承担地下管线建设管理工作。区县人民政府地下管线管理机构按照管理权限，负责本行政区域内的地下管线建设管理工作。发改、规划、经信、水利、质监、安监、公用事业、油区管理等有关部门应当按照各自职责，建立地下管线安全管理机制，共同做好地下管线的质量安全监督管理等相关工作。地下管线权属单位应当对其所有的地下管线安全负责，建立地下管线安全应急预案，保证地下管线的安全运行。

5. 城市地下管线审批管理制度

（1）审批管理流程

城市地下管线审批行政管理按照环节流程见表2-23。

城市地下管线管理职能一览表   表2-23

环节	管理依据	责任单位	主要任务	审批及管理机构	行政许可或服务
测绘环节	管线普查	测绘主管部门	组织城市地下管线普查，建立管线信息数据库	城市人民政府	地下管线查询报告单
规划设计环节	安全发展规划	发改委、规划局和管线行业主管部门	编制年度工作计划	城市人民政府、发改委、规划局和管线行业主管部门	
	城市总体规划	城市人民政府	组织编制城市总体规划	国务院或省级人民政府	
	管线综合专项规划	规划主管部门	组织编制管线综合专项规划	城市人民政府	
	管线专业规划、年度规划	管线行业主管部门	编制管辖专业管线单项规划	行业主管部门、发改委	

城市地下管线安全发展指引

环节	管理依据	责任单位	主要任务	审批及管理机构	行政许可或服务
规划设计环节	建设项目计划	管线行业主管单位、建设单位	项目可行性研究报告	发改委、财政部门	项目立项批复
	管线综合规划（控制性详细规划）	规划主管部门	编制控制性详细规划	城市人民政府	建设单位递交申请报告，取得建设项目选址意见书，提供规划设计条件通知书
	土地利用总体规划	国土主管部门	组织编制土地利用总体规划	国务院或省级人民政府	土地使用许可证
	修建性详细规划	建设单位	委托设计单位编制修建性详细规划	规划主管部门	提供管线规划设计方案规划用地许可证
	施工图	建设单位	委托设计单位编制施工图	建设主管部门	提供管线施工图获得拟建工程施工图审查报告书，建设工程规划许可证
建设施工环节	工程发承包	建设单位	设计、施工、材料依法发承包	建设主管部门、招标主管部门	报建和工程招投标手续
	工程施工	建设单位		市政主管部门、建设主管部门	办理完费通知单、道路挖掘许可证、抗震消防要求审批合格意见书、消防设施审核意见书、防雷装置设计核准书，具备条件在开工前办理施工许可证，开工验线合格单
	工程监理	建设单位	强制性监理项目	建设主管部门	
	质量监督	建设单位	政府监管	建设主管部门（质监站）	质量监督注册手续、建设工程安全技术措施审批

续表

环节	管理依据	责任单位	主要任务	审批及管理机构	行政许可或服务
竣工环节	竣工验收	建设单位		建设主管部门	
	管线竣工测绘	建设单位		测绘主管部门	
	管线竣工测绘备案	建设单位		规划部门、测绘主管部门	
运营维护环节	运行	权属单位	管理运行功能管理、安全管理	管线权属主管部门	
	维护	权属单位	管线维护管理	管线权属主管部门、建设主管部门	
	安全监督	建设和安全监督主管部门	理性监督检查	建设主管部门、安监局	
	应急防灾	行业主管部门、建设主管部门	制定应急防灾预案，建立应急工作机制	建设主管部门	

（2）立项审查制度

投资立项管理行政主管部门为城市发展和改革委员会。以北京市为例，根据北京市发展和改革委员会官方网站查询基础设施管理内容中投资管理范围包括[1]：研究提出本市基础设施发展战略和中长期发展规划，组织拟订有关政策；统筹交通、水务、园林绿化等行业发展规划与国民经济和社会发展规划、计划的衔接平衡；研究提出基础设施重大项目布局；综合分析基础设施建设发展情况，协调有关重大问题；组织推进基础设施投融资体制改革；协调民航、铁路等国家在京基础设施项目投资工作。发改委在审批项目建议书时，应征求以下部门的意见或取得以下部门出具的有效文件：

---

[1] 资料来源：http://www.bjpc.gov.cn/ywpd/tzgl/.

①规划部门的规划意见书或规划征求意见复函；②对需要新征建设用地的，需要国土资源部门出具的项目用地预审意见；③环境保护部门的环评报告；④根据国家和本市规定应提交的行业准入文件。

（3）规划审批制度

《城市地下空间开发利用管理规定》第十二条规定，独立开发的地下交通、商业、仓储、能源、通信、管线、人防工程等设施，应持有关批准文件、技术资料，依据《中华人民共和国城乡规划法》的有关规定，向城市规划行政主管部门申请办理选址意见书、建设用地规划许可证、建设工程规划许可证（表2-24）。

地下管线审查文件一览表　　　　　　　　　　表2-24

序 号	材料名称
1	申请报告
2	选址意见书
3	发改委批文
4	地形图
5	规划总平面图
6	建设用地规划许可证
7	规划图
8	施工图
9	建设工程规划许可申请表
10	建设工程规划许可证

（4）市政基础设施管理制度评价

我国市政基础设施的综合管理，尤其是地下空间部分的管理制度空白化，引发的问题可以用"公地的悲剧"来解释。以北京市为例，市政基础设施管理制度总体呈现城乡分治、层级分审、部门分管、建管分制、源网分离的特征。

城乡分治。市政基础设施城乡差别较大，分别管理，致使区域基础设施呈现拼贴格局，缺乏系统性，公共服务差异化。如供暖方面，城市地区采暖由市政管委管理，农村地区采暖由农委新农办负责，工业采暖由经信委负责，农村目前还有部分地区采用原始方法采暖；供电方面，城市电网保障程度较高，农村电网存在瓶颈；供水方面，农村水务管理水平不高，影响了水务设施正常功能的发挥，农村供水安全无法得到保障。

层级分审。市政基础设施项目采取层级审查制度和投资审批体制的纵向管理模式，谁投资谁审批，按照级别确定投资比例。市级项目由市规划委和市政管委统一办理，其他项目意见书由市政管委预审，为非许可性审批，区行业主管部门只负责办证，由于市区双重管理，审批权限的过度集中导致市级层面工作量大，审批速度较慢，而且规划经常变更，导致设施跟着项目走。以道路交通为例，主干道作为市级项目则由市里 100% 投资，次干道市里投资 70%，区里负责 30%，支路市里投资 50% 以下，甚至由区里完全负责。由于区里财力有限，尽可能争取上级投资，导致基础设施落后于市场化投资。这种层级分审制度导致办事效率低下，审批时间长，区级审查缺乏责任感和积极性。如北京市昌平区沙河水厂从 2010 年开始立项，迄今未能审批，导致未来科技城不得不从马致口引水，引水距离超过 30 公里。

部门分管。不同基础设施行业建设、运营为横向不兼容管理模式。各类地下管线一直都由不同部门进行建设和管理，如供水管线、排水管线、电力管线、通信管线、有线电视管线、热力管线及燃气管线分别由自来水公司、市政公司、电业公司、网通联通公司、电视台、热力公司及燃气公司等负责建设与维护运营，行业管理分属水务局、市政市容委、发改委、经信委、区农委等部门。新开发区区域地下管线统一由政府或国有公司建设，然后移交专业部门进行管理。各项基础设施在管理上由于投资主体不同，造成了地面点源和地下管线的权属单位不同，进而形成各自为政，缺乏协调配合的问题。

　　建管分制。市政基础设施规划建设审批纵向管理中建设和管理分离，不同阶段采用的规范不统一，导致财政审批时和专业公司参与的施工图纸差别较大，按照规定，100 万以上需由政府采购，但产品差别较大，包括质量、型号等均不一致，人为增加管理难度。市政基础设施项目建设采取招标形式，建设单位建设好后交予政府指定的运营单位进行运营管理，由于运营单位不能参与建设和监管验收，很难控制管材管理，导致整体工程质量不尽如人意。

　　源网分离。按照现有的项目建设审批机制，市政基础设施源和网分开投资建设，由于市政基础设施的网络性、时序性特点和计划衔接不畅，致使有网无源和有源无网、网络不衔接等现象出现，道路系统性和网络系统性无法保证。

3 城市地下管线安全研究

一、地下管线安全问题

1. 城市安全隐患凸显

（1）不按标准建设管线

以电信企业为例，许多企事业单位在敷设网络时，不按国家的有关规定和标准施工，这种野蛮施工行为，不仅造成了众多的冲突事件，也大大威胁到了国家的通信安全。由于敷设光缆之前的勘察、设计和埋设之后的维护都要耗费大量的人力物力，所以很多后来的建设者都为了图方便，将自己的光缆紧挨在其他电信运营商的光缆旁边，甚至同沟敷设、强行交越，严重的地方一个路由上放 5 ~ 6 条光缆，出现几百处交越点。这种同路由敷设多条光缆的违规行为，不仅会对已建光缆构成严重威胁，另外，一旦遭到其他主体的恶意破坏，将会导致多条光缆同时遭到破坏，甚至会对整个国家安全造成不利的影响。2000 年 3 月 31 日，北京石油通信局为联通公司承建光缆工程危及中国电信兰成和西兰乌干线光缆安全；2000 年 8 月 18 日，军队、联通、移动、广电新建光缆与中国电信已建光缆距离过近、交越频繁，严重威胁光缆安全畅通；2000 年 10 月 16 日，湖南省内通信光缆重复建设严重。[1]

（2）管线超负荷运行

随着城市化进程的加快，城市容积率不断提高，城市需求增加，管网配套不足。以长春市为例，老城区的城市容积率由 2000 年的 1.1 增加到 2011 年的 1.8[2]，城市发展的需求日益增加，原有管线的供给能力难以满足城市发展的需求。为增加供给，压力管网提高压力，管线超负荷运行会给城市带来很大的安全隐患。排水管道等如果超负荷运行再加上年久老化，就很有

[1] 张茂洲. 市场竞争愈演愈烈，通信安全隐患随之增大[N]. 通信信息报，2002-06-05（B02）.
[2] 曹秋平. 我市改造新建地下管线系统[N]. 长春晚报，2012-08-01（A5）.

可能发生主管线的堵塞或者管道泄漏。化工管线的超负荷运转更有可能因故障而出现堵塞或者管道破裂泄漏，给环境带来巨大污染，为周围的居民生活带来不便，严重时甚至会造成巨大的生化灾害。而供水、供气管线超负荷运行导致的泄漏会浪费大量的国家资源，为人民生活带来不便。

（3）管位重叠交叉，废弃管线挤占

由于各类地下管线权属不同，修建管线的单位各自为政，同时地下管线信息系统未建立或者信息不完整，就完全有可能导致管位的重叠交叉。管线拥挤、并相互干扰，不仅给管线管理带来不便，也给管线运营安全带来隐患。从20世纪二三十年代至今，南京最早的地下管线已有近百年历史。经历了一次又一次的重新建设，目前南京地下管网的具体路线很难说清楚，其中还有很多是已经废弃不用，挤占宝贵的地下空间。管线交叉重叠相互影响有可能会加速部分管线的老化，过分挤压还会导致管线开裂。有些燃气管线会因为气体等泄漏而引发爆炸事故。

（4）无单位管理和维修的管线，仍在运行使用

无单位管理和维修的管线仍被使用是地下管线管理维护工作中的一个大问题。一些无单位管理的管线已经临近使用期限，无人看管的管线继续运营为城市安全也带来一定隐患，例如随时可能出现管道泄漏、管道堵塞等状况，从而引发环境污染。同时，在城市环境改造中，一旦发现无主管线，就会给改造的进一步开展带来阻碍。在2012年6月无锡市最老的桥梁——梁溪大桥需要进行封闭维修，维修之前需要对架设的各类管线进行改迁，但是到目前为止仍有4条管线无人认领，这为桥梁设施更新带来了阻碍，同时如果长久无人认领，该类管线就会被当作废弃管线。一旦现役管线被当作废弃管线而拆除，将会对依赖该管线的居民带来生活上的不便。[1]

（5）一些工业废弃管道没有进行必要的安全处置

废弃工业管道如果不经过安全合理的拆除，也会给城市安全来带巨大

---

[1] 徐振. "无主"管线影响大桥维修，市政部门急得报上登公告[N]. 现代快报，2012-6-14（B1）.

隐患。一些废弃工业管线内部可能存有易燃易爆性物质，或者存有对自然环境有害的化学物质，如果不妥善处理，必然也会危及环境和人类生命。例如，2000 年 2 月，山东某工业集团废弃的天然气地下管线发生爆炸事故，造成了 15 人死亡，56 人受伤的惨剧，直接经济损失 342.6 万元 [1]。

2. 城市安全事故频发

地下工程施工可引起邻近地下管线发生弯曲、压缩、拉伸、剪切、翘曲和扭转等变形 [2]，导致地下管线损坏，从而引起停水、停气、停热、停电和通信中断等事故的发生。2011 年 11 月 7 日至 8 日中国城市规划协会地下管线专业委员会年会统计：2008 ~ 2010 年，全国仅媒体报道的地下管线事故，平均每天就有 5.6 起（6132 起）。经调查管线事故主要集中于燃气和供热管线，其中以燃气管道事故为首 [3]。根据网络曝光事故统计，2003年 3 月 ~ 2008 年 1 月燃气管道事故共 67 起，涉及 39 个市县，重庆 8 起，西安、银川各 5 起，北京、青岛等各 1 起，主要原因是挖掘机挖断和施工不当，占 62.7%，全国每年由于路面开挖造成的直接经济损失约 2000 亿元。2001 ~ 2005 年供热管网事故调查，140 座城市共发生一般性事故 22.3 万次，平均每日发生事故约 300 次，5 年中发生重大事故约 1400 次，平均每年每座城市 2 次 [4]。事故中，由于管线老化、设备腐蚀、失修导致的管道泄漏和堵塞事故较多，占 80%。由于阀门故障导致的事故占 84%，其他原因为补偿器、支架故障等。保温层破损和管沟渗漏的供热管道占供热管道长度的30% 左右，这部分管道虽然不易造成重大事故，但会增加热损失，造成能源浪费。据调查，我国燃气和热力管道的腐蚀率达到 30%，城市供水管网

[1] 安全管理网. 山东三力工业集团有限公司濮阳分公司天然气燃爆事故[EB/OL]. 2008–10–5. http：//www.safehoo.com/Case/Case/Blow/200810/3956.shtml.

[2] 刘长剑，蔡玮. 地铁浅埋暗挖施工对地下管线的影响机理研究及工程运用[J]. 市政技术，2008，26（5）：428– 431.

[3] 尤秋菊，朱伟. 地下燃气管网事故的致因理论分析[J]. 煤气与热力，2010（4）.

[4] 刘贺明. 城市地下管线规划、建设和管理有关问题的思考[J]. 地下管线管理，2007（6）

漏损率已超过 12%。[1]

从已报道的地下管线安全事故来看，近年来我国的地下管线事故主要发生在北京、东部沿海城市和中西部大城市，这些城市由于经济发达、地下管网密集以及建设工程量大等原因导致地下管线事故频发。中西部资源型城市由于地下煤气资源丰富，在开采和日常施工过程中稍有不慎就会导致地下管线事故，而且主要集中于燃气管线。北方城市相比于南方城市由于供暖原因供热管道引发的事故也层出不穷（如 2010 年 12 月 14 日哈尔滨市道里区红霞街道供热管爆管 [2]）。根据调查收集案例，全国地下管网安全事故主要由施工破坏、工程质量、超期服役、地面沉降和地面建筑物（构筑物）压占等引起，具有突发性。

3. 施工挖掘路面频繁

城市地下管线缺乏统一的规划、建设和管理，在地下管线建设中各自为政、路面反复开挖现象屡见不鲜，常常出现"马路拉链"现象，使居民生活和出行受到了多方面影响。全国每年由路面开挖造成的直接经济损失约为 2000 亿元。

例如 2007 年是甘肃天水市道路、巷道整修治理力度最大的一年，当年仅秦州区就对城区内 18 条巷道进行了整修，完成了 56 条道路、巷道的路灯安装。但是之后不到一年内，天水市又开始对以上几处道路开挖，市民出行十分不方便 [3]。反复的开挖导致了城市道路的烂尾现象，反复开挖道路，一方面影响市民的出行，给市民行路安全带来隐患；另一方面，浪费了国家资源。在江西省，按照《江西省城市道路挖掘修复费用标准》规定，道路施工导致需要开挖损坏部分设施收费是：沥青路面每平方米 410 元；普通人行道每平方米 108 元；路沿石每米 96 元；直径 500 毫米以下的排水管

[1] 张晓松，郭旭. 城市集中供热系统现状和问题分析[J]. 煤气与热力，2009（11）.
[2] 韩丽平，李宝森. 保证让百姓住上暖屋子，哈尔滨供热要打翻身仗[N]. 黑龙江日报，2011-04-14（003）.
[3] 洪波. 城市道路何时不再"天天挖沟"[N]. 天水日报，2008-12-07（001）.

　　2010 年 7 月 28 日上午 10 点左右，扬州鸿运扶植配套工程有限公司在南京市栖霞区迈皋桥街道万寿村 15 号的原南京塑料四厂旧址平整拆迁土地过程中，挖掘机挖穿了地下丙烯管道，丙烯泄露后碰着明火发生爆炸。截至 7 月 31 日，事故已造成 13 人死亡、120 人住院治疗，其中重伤 14 人。事故还造成周边近 2 平方公里规模内的 3000 多户居民住房及部分商铺玻璃、门窗破裂，建筑物外立面受损，少数钢架大棚坍塌。事故发生的主要原因是施工安全管理缺失，鸿运公司组织的施工队伍盲目施工，挖穿地下丙烯管道，造成管道内存有的液态丙烯泄漏，泄漏的丙烯蒸发扩散后，遇到明火引发大范围空间爆炸，同时在管道泄漏点引发大火。这是继辽宁大连"7·16"输油管道爆炸火灾事故后，半个月内再次发生涉及危险化学品管道的重大生产安全事故。

　　官方新闻发布会表明，南京第四塑料厂早在 10 年前就已停产，该厂房在拆迁过程中，虽然有地下管线图，却与实际情况不符，发生爆炸的管道属于金陵塑胶厂，该厂曾派人到现场指挥拆迁，却没有地图，全凭印象指挥。最终埋在地下的管道成了"地雷"，被不具施工资质、专业水平低、安全意识淡薄的个体拆迁单位触响。[1]

图 3-1　南京爆炸事故现场
图片来源：dzb.lyrb.com.cn

图 3-2　南京爆炸事故现场
图片来源：news.timedg.com

---

[1] 国家安全监管总局. 国务院安委会办公室关于江苏省南京市"7·28"地下丙烯管道爆燃事故有关情况的通报（安委办[2010]16号）[R]. 北京:国家安全监管总局，2010 .

每米1152元;单位排水管网接入城市管网直径500毫米以下的每处8000元。如果主干道标准路段全部封闭开挖,进行雨水和排水管网的道路施工,每米需要的成本大约是2.8万元;如果标准路段封闭开挖的,留一半交通通道,那么开挖一米城市道路需要的公用设施成本接近1.4万元。2005年末,全国拥有城市道路24.7万公里、道路面积39.2亿平方米。在这24.7万公里的城市道路中,如果有1%曾经"开膛破肚",那么全国就有2470公里道路曾经开挖,最直接的就是市政修补费用开支增加3458万元。

4. 地下空间浪费严重

(1) 道路浅层地下空间资源有限,管线布置困难

随着城市的发展,地下管线种类越来越多,需要占据的地下空间也日渐增多,以山西某市为例,其不同宽度道路下方的地下管线布置如图3-3~图3-5所示,约有十三种管线需要布置在道路地下空间。已经规划好的地下管线占据了大部分地下空间,如果将来还有其他管线入驻,将会有很大的困难。

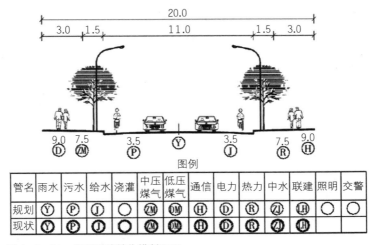

图3-3 20m 规划道路管位横断面图

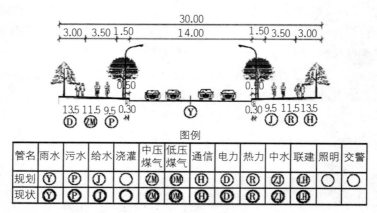

图例

管名	雨水	污水	给水	浇灌	中压煤气	低压煤气	通信	电力	热力	中水	联建	照明	交警
规划	Y	P	J	○	ZM	DM	H	D	R	ZJ	LH	○	○
现状	Y	P	J	○	ZM	DM	H	D	R	ZJ	LH		

图 3-4　30m 规划道路管位横断面图

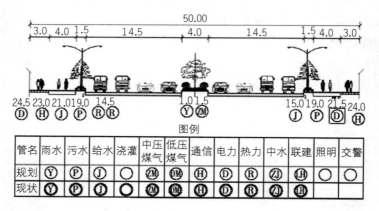

图例

管名	雨水	污水	给水	浇灌	中压煤气	低压煤气	通信	电力	热力	中水	联建	照明	交警
规划	Y	P	J	○	ZM	DM	H	D	R	ZJ	LH	○	○
现状	Y	P	J	○	ZM	DM		D	R	ZJ	LH		

图 3-5　50m 规划道路管位横断面图

（2）城市地下管线空间资源被抢占利用现象严重

现今国内大城市的发展比较粗放，地下空间资源被浪费、抢占的情况并不少见。因为多头管理的体制问题和缺乏长远规划、专项规划，城市地下资源被无序地无偿使用，随意选择路由、重复敷设的现象时有发生，有些管线的间距不符合规范要求，使得各种管线重叠交错、杂乱无章地抢占着有限的城市地下空间。而城市地下空间的开发利用却是不可再生和不可逆转的，对地下空间资源的抢占和浪费会造成将来资源的匮乏和缺失，后来的管线布置安装困难，这种无序建设给管线运行、维护管理都埋下了安全隐患。

5. 管线应急能力薄弱

（1）地下管线应对抵抗地震等自然灾害和极端气候条件的能力不强

地下管线应对自然灾害的能力薄弱是当前频繁出现的问题。在北京7·21特大暴雨灾害中，北京的地下排水设施就接受到了严峻的考验，灾害的出现检验了地下管线的应急能力。在地下管线建设过程中，设计施工单位的前瞻性有待提高，对管线条件过于自信而忽视了管线面对自然灾害、极端气候的应急能力，管线强度低于标准设计。例如，防洪排水管线本应设计为十年或者百年一遇，但是实际设计的却是三年、五年一遇；燃气管线抗压能力比标准要低；寒冷地区供水管线埋深不够等，引发地下供水管排水管冻裂、防洪排污设施排污太慢、天然气管壁薄弱泄漏引发爆炸等现象时有发生。

（2）市政设施抗灾设防设计标准亟需调整

灾害的出现对今后地下管线的设计建设敲响了警钟，虽然住房和城乡建设部出台的《市政公用设施抗灾设防管理规定》第七条规定市政公用设施的建设单位、勘察单位、设计单位、施工单位、工程监理单位，市政公用设施的运营、养护单位以及从事市政公用设施抗灾抗震鉴定、工程检测活动的单位，应当遵守有关建设工程抗灾设防的法律、法规和技术标准，依法承担相应责任，但由于管理体制原因，配套出台的《市政公用设施抗震设防专项论证技术要点》（2010年）仅对住房和城乡建设部管辖范围的室外给水、排水、燃气、热力和生活垃圾处理工程提出相关技术规定，而对电力、通信等设施和工业管线等专用管线并未统筹考量，提出具体规定，市政设施抗灾设防设计标准亟需整体调整，相互协调。

6. 城市内涝问题凸显

近几年城市雨水增加，我国城市排水问题日益突出。一是排水管道排放能力不足。国内许多城市排水管道不成系统，管道排水能力差，排水网普及率低，人均占有排水管道长度大约为 0.55m，而发达国家人均占有长度超过 4m。一旦遇到极端天气，城市内涝严重，大部分城区每年雨季都会因排水管道排放能力不足造成路面积水，影响交通，造成居民出行不便，电力、交通、通信瘫痪，一场暴雨把不少平日里光鲜亮丽的城市打回了"原形"。2008 ~ 2010 年间，全国 351 个城市中的 60% 在降雨量达到 50 厘米以上时就曾发生过内涝，其中内涝灾害超过 3 次以上的城市有 137 个 [1]。严重的如 2011 年 6 月 23 日、2012 年 7 月 21 日的北京暴雨造成的人员伤亡。二是排水管线老化严重。如长春市（截至 2011 年底的数据）目前还有 388 公里日伪时期及新中国成立初期建设的管线，老化破损严重，2011 年因管线破损引发的路面坍塌抢险事件有 53 起。三是雨污合流问题，是国内大中城市的共性问题。雨污合流造成了水系污染，城市污水量增加、水资源浪费，影响了城市的生态、生活环境和可持续发展。四是弃管小区排水问题突出。近年来，弃管住宅区数量不断增加，小区内的排水设施无人管理，管线资料缺失，向检查井内倾倒垃圾和压占管线等现象较多，经常有管线堵塞、冒水问题发生。排水系统和其他地下管线不同的是建设周期较长，衔接技术要求较高。

7. 管线运营管理滞后

因为市政管线的建设具有不可逆的特点，管线一旦入地，再次建设或者改建的成本十分高昂。旧城区年久失修的管线由于年代久远、资料缺失，维修改建的成本更是非常昂贵。市政管线建设的问题不在于新建，而在于管线建设之后的改建和维护。同时国内现有的管线探测技术并不十分发达，

---

[1] 孙洁. 从城市物质空间规划角度浅谈内涝的防治策略[C]. 云南科学技术出版社，2012.

在进行旧城区市政管线维修或者管线质量检测探测时，收效并不十分明显。地下管线探测是一个复杂的工作，以往普查过程中所得的数据并不完全正确，要求在不断的探测中获取最新数据信息，让普查数据库更加完善。

二、地下管网事故类型分析

1. 事故原因分类

根据调查收集全国地下管网安全事故案例72起，按照原因分为七类：①施工破坏17起；②工程质量3起；③腐蚀破坏10起；④地面沉降11起；⑤地面建筑物占压或重物压迫破坏13起；⑥人为破坏1起；⑦暴雨事故17起。主要集中在施工破坏、工程质量、超期服役、地面沉降、地面建筑物（构筑物）压占和暴雨事故，具有快速突发性、极度破坏性、影响广泛性、甚至危及生命的特点。

主要地下管网事故案例一览表

表 3-1

序号	案件类型	典型案例（编号）	数量（百分比）
1	施工破坏	2002年4月23日杭州挖断通信光缆（1.1）、2004年3月21日济南挖断自来水管（1.2）、2006年6月9日北京燃气管道泄漏（1.3）、2006年1月16日京广线供电电缆挖断事故（1.4）、2006年8月30日重庆燃气干管钻爆（1.5）、2008年10月25日张家口一地下管道施工引发火灾（1.6）、2009年5月8日长春引松入长原水管爆裂（1.7）、2009年8月哈尔滨三个月内12次挖断燃气管线（1.8）、2010年3月15日武汉燃气管线被挖断发生爆炸（1.9）、2010年7月19日国贸桥下施工挖断自来水管（1.10）、2010年7月28日南京市地下丙烯管道爆燃事故（1.11）、2010年9月14日长沙火车站施工致天然气泄漏（1.12）、2011年3月16日北京四道口管线爆裂（1.13）、2011年5月3日上海弱电管被挖断（1.14）、2011年5月24日福州挖掘机挖断煤气管道引发爆炸（1.15）、2012年8月16日四川沙湾区天然气泄漏（1.16）、2012年8月22日天津市南开区挖裂燃气管道（1.17）	17（23.6%）

序号	案件类型	典型案例（编号）	数量（百分比）
2	工程质量	2005 年 12 月 22 日北京燃气管道泄漏（2.1）、2008 年 1 月 9 日阜新市自来水污染（2.2）、2013 年 6 月 15 日营口供暖管网改造事件（2.3）	3（4.1%）
3	腐蚀破坏	1994 年 5 月 20 日河北化肥厂管道腐蚀导致爆炸（3.1）、2002 年 12 月 2 日石家庄市煤气管道腐蚀泄漏（3.2）、2004 年 5 月 29 日泸州天然气管道腐蚀泄漏致爆炸（3.3）、2006 年 1 月 20 日四川仁寿输气站管线腐蚀发生爆炸（3.4）、2007 年 3 月 4 日吐鲁番输油管线腐蚀着火（3.5）、2010 年 12 月 4 日大连市鞍山路两次自来水管线爆裂（3.6）、2011 年 1 月 28 日长春市供水管线爆裂（3.7）、2011 年 6 月 9 日温州地下管道发生事故（3.8）、2011 年 9 月 25 日南京 3 名工人下井清淤时因沼气中毒身亡（3.9）、2012 年 4 月 1 日北京热力管道腐蚀泄漏导致路面坍塌（3.10）	10（13.9%）
4	沉降破坏	2009 年 3 月 3 日重庆地面沉降致使水管爆裂（4.1）、2010 年 12 月 14 日哈尔滨市道里区红霞街道供热管爆管（4.2）、2011 年 1 月 21 日上海市地面沉降导致燃气管道破裂（4.3）、2011 年 8 月 27 日上海杨浦地面沉降致使煤气管道破裂（4.4）、2011 年 10 月 12 日上海地面沉降导致"高龄"地下管线断裂（4.5）、2012 年 6 月 11 日深圳宝安丽景小区发生地面塌陷致使管线断裂（4.6）、2012 年 6 月 26 日北京地面塌陷导致污水管断裂（4.7）、2012 年 8 月 16 日哈尔滨地面塌陷压迫管线破裂（4.8）、2012 年 10 月 20 日宁夏固原地面沉降（4.9）、2012 年 12 月 26 日太原街道地陷 6 米深坑致燃气管道断裂（4.10）、2013 年 6 月 26 日深圳地面沉降（4.11）	11（15.3%）
5	压占破坏	2005 年 2 月 20 日平顶山煤气管道被压裂发生爆炸（5.1）、2010 年 6 月 23 日南平市氨气管道被山体滑坡压裂（5.2）、2010 年 8 月 3 日江水倒灌排污管线受压破裂（5.3）、2010 年 9 月 15 日攀枝花山体滑坡压裂煤气管道（5.4）、2011 年 1 月 6 日南京燃气管道被压裂致爆燃（5.5）、2011 年 4 月 24 日天津自来水管被挖掘机压裂（5.6）、2011 年 5 月 9 日郑州违章建筑占压污水管线至泄漏（5.7）、2011 年 5 月 9 日天津自来水管道被压裂（5.8）、2011 年 8 月 7 日合肥燃气管道被压裂（5.9）、2011 年 9 月 13 日晋城自来水管道被压裂（5.10）、2012 年 5 月 4 日天津煤气管道被压裂发生泄漏险情（5.11）、2007 年 3 月 28 日北京碾压燃气管道泄漏（5.12）、2007 年 1 月 10 日重庆碾压燃气管道泄漏（5.13）	13（18.0%）

续表

序号	案件类型	典型案例（编号）	数量（百分比）
6	人为破坏	2005 年 12 月 26 日北京盗窃导致燃气管道泄漏（6.1）	1（1.4%）
7	暴雨事故	2011 年 6 月 23 日北京暴雨（7.1）、2012 年 7 月 20 日北京暴雨（7.2）、2012 年 7 月 26 日天津暴雨（7.3）、2011 年 6 月 18 日武汉暴雨（7.4）、2011 年 6 月 28 日长沙暴雨（7.5）、2011 年 7 月 3 日成都暴雨（7.6）、2011 年 7 月 19 日南京暴雨（7.7）、2011 年 5 月 7 日广州暴雨（7.8）、2008 年 6 月 13 日深圳暴雨（7.9）、2011 年 6 月 17 日重庆暴雨（7.10）、2012 年 7 月 31 日平顶山暴雨（7.11）、2013 年 3 月 22 日长沙暴雨（7.12）、2013 年 5 月 8 日湖南暴雨（7.13）、2013 年 5 月 15 日广东暴雨（7.14）、2013 年 5 月 15 日厦门暴雨（7.15）、2013 年 6 月 9 日重庆暴雨（7.16）、2013 年 6 月 9 日南宁暴雨（7.17）	17（23.6%）

（1）施工破坏

施工破坏导致管线安全事故是发生频率最高的类型，代表性事件是南京丙烯管道爆炸事故、京广线供电电缆挖断事故。2000 年北京市地下光缆被挖断 32 条，2001 年被挖断 33 条，平均每 10 天就有一条光缆被挖断 [1]。2004 年、2005 年 1 ~ 6 月、2006 年 1 ~ 10 月，因为施工造成的燃气管道泄漏事故分别为 63 起、23 起和 71 起。2005 年 1 ~ 11 月，北京市发生了 77 起由于市政施工不当而造成的水管爆裂事故，相当于平均每 5 天 1 起 [2]。在 2006 年上半年，南京市仅施工单位直接损坏的自来水管线就达 178 处，其中挖断 500 毫米口径以上的主干管就有 18 处。自来水管破漏之处，往往水如泉涌，抢修持续数小时，大量自来水白白流失。粗略统计，南京因此每年有 300 多万方的水被浪费，价值人民币 700 多万

---

[1] 王正鹏. 平均每10天挖断一条光缆 电信呼吁别再转包工程[N]. 北京晨报，2011-12-06.

[2] 北京市测绘设计研究院. 地下管线探测与管理技术[M/MT].北京市测绘设计研究院. http：//www.esccsgpc.org/kpyd/3425.shtml.

元。[1]2007 年 1 ~ 8 月，武汉市燃气管网损毁数量比 2006 年同期大幅上升，共查处 8 起事故，而 2006 年全年仅查处 3 起。2007 年 5 月 24 日至 7 月 9 日，仅一个多月的时间内，厦门市厦禾路就有 11 处煤气管道或管道设施被挖破。2007 年 6 月 27 日至 7 月 14 日，短短半个多月的时间内，兰州市天然气管道三次被挖破，导致天然气泄漏，不仅给附近居民用气带来不良影响，更造成了巨大的安全隐患。同样是兰州，2007 年以来在各种地下开挖工程中，城市供水管网被破坏近 10 次，其中仅 5 ~ 6 月份，永昌北路供水管道就先后 4 次被挖爆。[2]呼和浩特市 12319 城建热线指挥中心统计，2010 年共受理市民关于地下管网遭外力破坏事故投诉达 45 件之多，其中涉及自来水管道 21 件，污水管道 6 件，燃气管道 5 件，供暖管道 4 件，地下电缆 7 件，通信光缆 2 件[3]。发生上述问题的原因主要分四种类型导致：一是无管线资料或未得到地下管线产权单位许可情况下的盲目施工；二是管线资料不准确或不完整的冒险施工；三是管线资料没有问题但没有按照其指引的野蛮施工；四是明知地下分布有管线而不注意避让的故意破坏。

（2）工程质量

地下管线的选材、设计和施工对地下管线的安全运行起着重要的作用。管线的使用功能、管材、埋设方法、施工方法、接口形式、管径、埋深、服务期限与管线的完好状态密切相关。市政基础设施管线中燃气泄漏、供水、供热管线爆裂等事故时有发生，多是由于管线的工程质量所致。市政基础设施管线的工程质量问题是新建管线隐含的问题，由于地下管线的隐蔽性强，往往很难及时发现，但隐含的危险较大。地下管网系统之间的相互作用是纵横交错、非常复杂的。一种管线遭到破坏后，完全可能严重地降低其他管线的服务能力，或产生直接的破坏作用。地下管线事故后果的严重程度与受影响的管道数量、分布形式、相互位置关系及距离等因素密切相关。

---

[1] 陶勇. 城市地下管线危机[J]. 小康，2007（1）.
[2] 广元. 我国城市地下管线行业现状与发展前景展望[R]. 厦门：厦门市城市建设档案馆.
[3] 吴焕新. 擅自开挖人为破坏呼和浩特市地下管网保护亟待加强[N]. 呼和浩特晚报，2011-02-17.

　　新京报2013年6月15日报道，辽宁营口市人大代表实名举报该市供暖管网改造工程存在质量问题和腐败问题，并以《6亿工程埋隐患，技术员拒绝签字》为题刊发。营口市供热管网改造工程系2010年的政府一号民生工程，共敷设主管线约116公里，更新改造二级管网176公里，施工期3年，工程建设由营口市公用事业管理局成立的主城区集中供热改造工程指挥部负责项目组织施工，并设立了局招标办公室。目的是有利于营口热电公司向全市供暖，营口热电公司是营口主城区最大的供暖单位，承担着主城区85%以上的供暖任务。但这个巨资铺设的重大民生工程未完全按照设计工艺施工，致使工程从2010年11月1日投入使用至今3年时间，在运行压力未达到设计压力的情况下，仍不断出现严重质量问题，供暖无法达标，全市最长一次停暖长达10余天，造成重大经济损失，给全市群众供暖埋下了重大隐患。主要问题如下：

　　①工期短。营口市集中供热改造工程实际主体工程（116公里主管网、二级泵站）只用了大约3个月的时间。2011年营口市常务副市长在公用事业局的总结大会上讲话称："116公里的历史上规模最大的集中供热管网改造工程，只用了不到3个月时间就全面完成。按常规设计、常规施工，得需要3年时间。"按照《营口日报》报道的"在工程施工的两个多月时间里，汛期和阴雨天影响工期近一个月"计算，实际施工时间仅有50多天。

　　②质量差。营口热电公司的资料显示，该工程管网从2010年11月1日建成至今，大面积管道变形，爆管、开焊（有的甚至是360度横断）30余次，3年仅维修费用和水损费就高达上百万元。营口热电公司的供暖诉求统计显示，2010年入冬在工程刚刚投入使用的45天内，有4204件投诉；2011年供暖前10天有1283件；

在 2012 年 11 月 1 日至 10 日短短的 10 天内，投诉有 1167 件（不包括信访局和市政府热线投诉电话）。营口市热电公司要求锦州衡远建筑工程质量所对该改造工程三标段、一标段工程质量进行司法鉴定。2012 年 10 月 28 日出具的鉴定意见书认为："其鉴定的管道焊接质量不满足中国行业标准《城镇供热管网工程施工及验收规范》CJJ 28—2004 的要求，管道焊接实测强度值不满足 Q235B 建筑钢结构焊接技术规程对其的技术指标要求。所鉴定标段管网在敷设施工工程中未按设计要求在管底管顶及周围用中砂或细砂回填，经过湿陷性土壤地段的管道的沟基也未按设计增加不小于 800mm 厚的山皮石基础。"供热管网改造后频频出现的问题也引起了营口市一名政协委员的关注，2013 年 1 月的提案称："在调研中发现，我市在 2010 年供暖管网改造中，由于部分标段（一、三、七标段）没有按照工程设计工艺施工，导致工程质量存在严重质量隐患。今年，公用事业管理局不得不采用木质电线杆打入地下、混凝土加固包封，用钢筋做护墙、用路障做保护等办法，勉强维持供暖。但管网不能提温、提压，国有企业经济损失严重，特别是供暖期老百姓挨冻，政府形象受到影响。如果此段管网不彻底返工，年年供暖都会出现问题，而且一年比一年严重，一旦出现严寒期供暖管网大面积瘫痪，后果是不堪设想的。"

由于管网质量原因，营口热电公司一热电厂厂长表明，按照设计标准，管网设计 1.1 兆帕是最佳运行参数，管网可以承压 1.3 兆帕压力，现在只能是 0.7 兆帕、0.8 兆帕，不敢提压、加温，担心提压加温会导致爆管，所以供暖效果不理想。目前运行压力在室外温度零下七八摄氏度时还可以，但 2012 年冬天室外温度零下 16 摄氏度左右、最低零下 21 摄氏度的天气多达 40 多天，导致严寒期群众上访量不断提升。而营口市公用事业管理局认为工程质量符合设计要求,质量没有问题,那么就应该按照最佳运行参数运行,但公用事业管理局要求热电公司管网压力不能超过 0.75 兆帕,超过这个压力必须上报公用事业管理局和市政府。

③未验收。本工程预验收和研究论证均由公用事业局组织进行,至今尚未对外公布工程竣工验收报告,原因是有部分技术人员或单位拒绝签字或盖章。七标段施工管理员高鹏是热电公司工程处处长,在接受中国青年报记者采访时坦言,他 2010 年时负责该标段 3 公里左右的现场管理。按照招标技术要求,柏油路上保温管上浮土不小于 1.2 米厚,管下面上面各 20 厘米细沙,如果在鱼塘、泥沙等土质松软处,管子下面应该填 80 厘米山皮石,防止保温管下沉移位。然而,实际上该段工程在人行道、绿化带、工地等处未填沙。施工过程中,高鹏向指挥部反映了此事,但没有得到明确答复。由于害怕承担风险,负责该工程现场管理的部分施工员(包括指挥部工程技术组成员郭振涛等)拒绝在"现场验收报告"上签字。管道接头正常是 3 遍焊接,施工人员只做了两遍焊接,拦阻也没效果。沉陷地面,应该做好地基,也做得不够。未按设计施工,存在质量问题,因此他也拒绝签字验收。

④未招标。工程合同总价款 47495 万元,已完成投资 45677 万元,待摊投资 13728 万元。截至 2012 年末,该工程资金来源合计 77780.5 万元,其中银行贷款实际到位 56294.3 万元,财政借款 10000 万元,财政拨款 3080 万元,其他资金来源 8406.2 万元。截至 2012 年末,累计已使用资金 63002.5 万元。审计调查发现,工程项目未按规定招投标 11423 万元,涉及 105 个施工及材料采购合同中的 25 个施工及材料采购合同。审计还发现,工程项目竣工决算进展缓慢。指挥部共 48 个施工及安装工程,合同总金额 14588 万元,未决算工程项目 30 个,金额 11939 万元,占总额 82%。

此外，热电公司共 12 个施工及安装工程，合同总额 9101 万元。已决算工程项目 4 个，金额 227 万元，未决算工程 8 个，合同金额 8874 万元，占合同总金额 98%。

⑤挪款项。工程施工中修改规划超标，用工程款建设办公楼。按照辽宁省城乡建设规划设计院设计的工程规划，营口市热网控制中心大楼应为 4 层 3600 平方米，但实际却建成了 7 层 6332 平方米。营口热电公司本部办公人员 40 余人，人均办公面积近 150 平方米，办公楼至今仍有两层闲置。

图 3-6　营口供热管网事故
图片来源：营口新闻网．2012-12-12．http://www.yingkounews.com.

（3）腐蚀破坏

不同类型的地下管线的承灾能力不同，其输送介质的属性以及压力状态对管线运行状态的影响各不相同，不同类型的地下管线在相同环境下的易损度也不同。再加上相关部门对管线的检查不到位，从而引发管线老化或被严重腐蚀，最后引发管线事故。超期服役导致的腐蚀破坏是导致管线泄漏、爆炸等安全事故最常见的原因。超期服役往往导致管线腐蚀破坏，且具有长期的隐蔽性，主要有四种类型的腐蚀。①燃气杂质腐蚀：燃气含有焦油、萘等杂质，对管壁常年腐蚀，造成内腐蚀穿孔；②电化学腐蚀：

管线穿越不同类型的地质，沿线土壤透气性等物理化学参数有较大变化，导致管段两端存在明显的电位差，造成电化学腐蚀；③杂散电流腐蚀：地铁、地下电力、电信管道的漏电电流以管线作为回流通路，导致流出点的局部腐蚀；④防腐层破坏：破坏了管道外的防腐层，防腐层起不到应有的保护作用，致使管道受外界环境的影响，造成腐蚀穿孔。据统计，我国的燃气和热力管道的腐蚀率达30%；城市供水管网漏损率已超过12%。截至2011年底，长春市目前有高危燃气管线785公里，2011年燃气行业共发生管道泄漏事故556起，其中因管线老化发生燃气泄漏461起，施工破坏95起；有运行50年以上的供水老管线450公里，其中新中国成立前建设的管线有377公里，2011年共发生漏水事件4294起，其中爆管事件18起；运行15年以上的供热管线有1828公里，2011～2012年采暖期，共发生主管线故障43起，爆管12起，累计影响正常供热1032小时，管线老化滴漏问题突出，失水率高（行业标准不超过1%，局部区域实际已超过3%），浪费大量能源，供热质量也受到较大影响[1]。2004年北京市燃气集团有限责任公司共处理突发事故156起，其中腐蚀造成的漏气事故占突发事故的36.5%[2]。

（4）沉降破坏

地面沉降主要是过度抽取地下水导致地面沉降以及地基因施工时未进行夯实或夯实不牢，经雨水冲刷、温度升高等自然因素影响而沉积，过度开采地下水，易造成管线损坏。由于连年超采地下水，我国一些城市（如上海、天津）地下水位持续下降，导致管线基础不均匀沉降，造成地下管线的损坏。主要案例如北京市2012年8月7日，朝阳区甘露园南里二区因附近地基沉降，致使自来水管线破损，该小区千余户居民家中断水[3]。2011年11月23日，京通快速路西马庄收费站附近，西马庄小区路口地下

[1] 曹秋平. 我市改造新建地下管线系统[N]. 长春晚报，2012-8-1（A5）.
[2] 车立新. 城市燃气管网安全运行问题及对策[J]. 煤气与热力，2009（10）.
[3] 怀若谷. 路塌陷砸管道小区千户断水[N]. 京华时报，2012-8-9（016）.

一条供暖主管线因地面沉降发生爆裂。喷出的热水、热蒸汽将西向东辅路全部淹没，道路交通被迫中断。事故造成附近两个小区 2000 多户居民停暖一夜 [1]。2010 年 8 月 12 日上午，山西省太原市双塔寺街的山西省人民医院到东岗路路段，路面突现两个大坑，而省人民医院感染病门诊楼东侧发生坍塌。山西太原的地面塌陷事故原因是因为连降暴雨导致积水灌进防空洞而使地面陷沉，进而砸断地下自来水管道，地下防空洞的年久失修一时成为罪魁祸首 [2]。

（5）压占破坏

在地下管线维护管理中，市政公用管线被压占的问题极其突出，被压占管线无法进行正常维护、更新，同时易被外力破坏，发生事故。山东潍坊市仅 2008 年末，调查出的占压中心城区燃气设施的建筑物（构筑物）就有 161 处；占压中心城区供水设施的建筑物（构筑物）有 159 处，其中，燃气管线的所有占压建筑物（构筑物）都需拆除，而供水设施上的建筑物（构筑物）是需要大部分拆除的 [3]。2005 年，河南省燃气协会对省内 9 个用气城市进行了调查，这 9 个城市共有燃气管网 5011 公里，其中钢管 3590 公里，PE 管 1167 公里，铸铁管 243 公里，违章占压燃气管道共有 1550 处，仅整改 406 处。2011 年长春市有 42 处排水管线被压占，777 处燃气管线被压占，198 处供水管线被压占，71 处热力管线被压占。[4]

管道被占压可能引发多种危害，为城市安全带来隐患。第一，可能造成管道的破坏，引发重大的伤亡事故。根据有关资料统计，外力引发的管道事故占 50% 以上，这些事故不仅造成损坏，还可能引起次生灾害，造成严重的伤亡、财产损失和引发更大的环境灾难。第二，给管道的管理和抢

---

[1] 张子渊. 9天爆两次热力管道被指太脆弱[N]. 法制晚报，2011-11-24.

[2] 中国经济网. 山西医院门诊楼坍塌原因初定为地下管道破裂[EB/OL]. 2010-8-13. http：//news.china.com/zh_cn/news100/11038989/20100813/16078083.html.

[3] 卢伟. 我市加快拆除占压燃气供水设施建筑物构筑物[EB/I]. 潍坊新闻网. 2009-01-20. http：//www.wfnews.com.cn/news/2009-01/20/content_374207.htm.

[4] 资料来源：长春市地下管线建设与改造指挥部提供。

修带来不便。管道被占压，就无法正常检测，就不能及时发现事故隐患，容易发生重特大事故，危及生活居住在管线周边人民的生命财产安全。第三，引发交通堵塞，路面塌陷等事故，为居民的出行带来不便。

（6）人为破坏

收集的人为破坏恶性案件仅有一例，但调研过程中井盖的丢失、路灯、路面、排水设施等重要的市政设施的小型损毁案件极多，多发生在城乡接合部等偏僻的地方，行人较少，一旦被盗，很难及时抓到窃贼，大量井盖失窃困扰各地市政管理部门。2008 年 1 月 23 日天津日报报道大量井盖失窃致人受伤[1]；2010 年兰州市市政设施工程管理处统计全市丢失和被损坏的井盖高达 1382 个；2013 年 3 月 24 日邵阳女孩长沙坠井被急流冲走；福建也出现泉州少女骑电动车掉落窨井；泉州马路上塑料井盖摔伤阿婆；泉州女午夜回家掉 4 米深窨井；福州二环近百个井盖失窃。马路井盖频频被盗，不仅给城市建设造成经济损失，也导致行人和车辆跌入检查井内的事故时有发生，给人车出行带来了巨大的安全隐患。早期关于井盖盗窃的案件都是以盗窃罪起诉的，由于涉案金额较少，刑事处罚威慑力不够。虽然近年来，司法实践界倾向于从其使用价值考察，即犯罪嫌疑人明知可能造成危及他人生命安全的严重后果，仍放任这种结果发生，应以涉嫌以危险方法危害公共安全罪论处，但由于目前公共用物的特别保护并未纳入《刑法》的视野，以此论处缺乏法理。由于井盖多为铸铁，盗窃犯罪背后的废品回收等利益链条也是此类案件发生的重要原因。

（7）暴雨事故

暴雨事故是人员伤亡事故统计中数量最大的，不仅频繁发生在上海、北京、天津、武汉、长沙、成都、南京、广州、深圳、重庆、厦门、南宁等大城市，甚至中小城市也屡屡发生，各地频现"城市看海"景观，给城市安全施以重创。2012 年 7 月 21 日暴雨导致北京城区及郊区出现大面积内涝和洪灾，截至 8 月 6 日，北京已有 79 人因此次暴雨死亡，北京市政

---

[1] 罗骏. 大量井盖失窃致人受伤. 天津日报，2008-01-23.

府举行的灾情通报会的数据显示，暴雨造成房屋倒塌10660间，160.2万人受灾，经济损失116.4亿元。暴雨导致公路、铁路、民航等交通方式均受到不同程度影响，北京首都国际机场超过500个航班取消，超过8万名旅客滞留。暴雨导致京港澳高速公路多处严重积水、车辆被淹，最深处积水处深达6米，且至少3人遇难。暴雨当天机场快轨停运，同时暴雨导致在建的北京地铁6号线金台路站局部发生坍塌。2011年6月18日武汉暴雨长达20多个小时，全市共有82处路段出现滞水，暴雨导致中心城区多处变成汪洋一片，城市路面积水严重，大多数地方水深都在40厘米以上，车道成"河道"，城市交通几近瘫痪，10余条公交停运，天河机场临时关闭1小时。

由图3-7可以直观地看出，地下管线事故诱因比较突出的是施工破坏、暴雨事故、地面建筑物占压，它们所占比例分别为23%、23%和18%。暴雨引起的地下管线事故大多集中在北京、广州、上海、长沙等大城市，由此可见大城市在快速发展的同时，对于地下管线这类看不见的工程的重视程度不够，导致城市在遭遇暴雨的时候，没有一个完善的地下排水系统来应对积水。

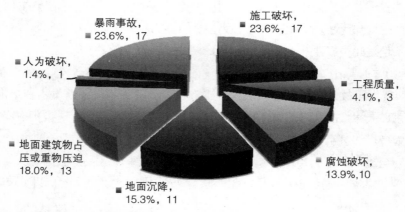

图3-7　城市地下管线事故按原因统计示意图

2. 事故专业分类

本研究收集了全国 72 起城市地下管线典型事故，按照专业领域划分为五类，其中供水事故 10 起、排水事故 24 起、电力事故 3 起、燃气事故 30 起、供热事故 5 起，见表 3-2。

按照专业领域进行城市地下管线事故分类　　　　　　　表 3-2

事故管线类型	相应事故编号
供水事故 10 起	1.2；1.7；1.10；2.2；3.6；3.7；4.1；5.6；5.8；5.10
排水事故 24 起	3.9；4.7；4.8；4.9；4.11；5.3；5.7；7.1 ~ 7.17
电力事故 3 起	1.1；1.4；1.14
燃气事故 30 起	1.3；1.5；1.8；1.9；1.11；1.12；1.15；1.16；1.17；2.1；3.1；3.2；3.3；3.4；3.5；3.8；4.3；4.4；4.5；4.6；4.10；5.1；5.2；5.4；5.5；5.9；5.11；5.12；5.13；6.1
供热事故 5 起	1.6；1.13；2.3；3.10；4.2

注：编号详见表 3-1

根据图 3-8 分析可知，燃气事故、排水事故和供水事故相对较多，所占比例分别为 41.7%，33.3% 和 13.9%。燃气事故的主要原因在于燃气管线输送的介质具有易燃易爆和有毒的性质，容易发生泄露、燃烧、爆炸及中毒事故，从而会造成社会经济和人民生命财产安全的重大损害。近年来，暴雨导致各地发生地面排水不当，市民落入地下管道、在车中被淹死、房屋被积水冲坏等现象屡见不鲜，给社会带来了极大的不安和损害，也反映了我国城市基础设施的重大欠缺。供水事故原因主要是城市供水管线老化导致管线冒水频繁、漏失严重，漏水损失不但提高了制水成本、增加不必要的供水水量，在经济上造成很大的损失，而且还会造成地面塌陷、房屋受损等严重危害。

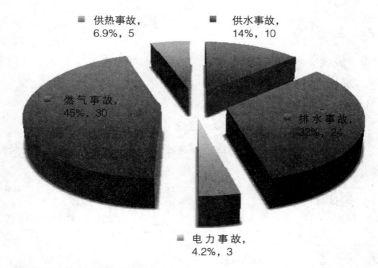

图3-8　城市地下管线事故按专业统计示意图

　　北京、上海、南京、哈尔滨等大城市的管线事故类型繁多，这些城市不仅事故多，种类也多。可见经济比较发达的城市面对的地下管线事故压力较大，当地应该更加积极地采取相应的措施，在地下管线建造之初就应当采取更加科学合理的规划，从源头上来应对地下管线事故。在防治事故方面也应当准备完善的应急措施，从而能够及时准确地处理突发事故；华北地区由于在冬季还要进行供暖，因此华北地区的供暖管线事故明显多于其他地区。因此，华北地区、东北地区等供暖区域要根据当地的自然气候状况，规划出更加安全有效的供暖系统。

三、事故内在原因分析

　　城市地下管网产生安全事故是由人的不安全行为、设备和设施的不安全状态、不安全环境以及它们之间的两者或三者共同作用引起的。人的不安全行为、设备和设施的不安全状态、不安全环境的形成，是因市政基础设施使用过程中所存在的技术因素、环境因素、人员因素、信息因素、管理因素所致，归根结底是地下管网规划、建设、运营、监督管理方面的各环节不力造成的，根本原因综合概括有以下八个方面：

1. 安全意识不强，技术存在缺欠

社会普遍存在对城市地下管线的认识不足，群众素质不高，缺乏安全意识、安全知识和安全技能，施工工人违章道路施工、车辆碾压等。城市建设施工中因地下管线被挖断，造成停水、停电、通信中断、煤气泄漏甚至爆炸等事故，影响城市居民正常的生产生活，造成资源浪费，给城市安全带来威胁。安全意识不强体现在具体行为上主要有以下三个方面：一是地面建筑物占压或重物压迫。管道附近的堆载、临时违章建筑物占压、邻近建筑物的重力荷载、管道附近的基坑开挖、打桩以及交通荷载等，均能够引起管道的附加荷载，使管线产生变形和破坏。管线周边及地面上的交通状况和人类活动影响，对地下管线事故的发生起着一定的加剧作用。二是施工破坏。施工破坏主要表现为：未经许可非法施工、许可不全擅自施工、虽经许可但不规范施工以及施工现场缺乏配合等。如建筑和道路施工中挖坏、铲坏、压坏地下管线及其辅助设施等对地下管线构成了直接的破坏；地下管线安全受管道附近施工活动强度的强烈影响，如在埋地管线上方构筑建筑物或堆积重物，直接压在供水管道上，当基础超过其荷载极限时，发生沉降，导致管道因断裂、脱节而爆管。此外，在管道附近的挖掘活动较多，均可能对管道造成间接破坏。三是人为破坏。地下管线建筑材料本身具有一定价值，社会上一些不法分子为了谋取私利，有可能偷盗地下管线相关材料来变卖钱财，或者是一些个人或团体活动有意无意间会对地下管线进行破坏，从而引发一系列地下管线事故。

技术存在缺欠包括设计与技术缺陷、焊接与施工缺陷、设备设施与工具附件的缺陷、安全设施缺少或缺陷、安全标志缺陷、管材防腐缺陷等，引起管线自身老化，管壁因腐蚀、磨蚀而变薄，管线变形，管道介质中的腐蚀成分及疲劳腐蚀，由于年久失修或工程质量问题导致泄漏爆炸事故时有发生，"跑冒滴漏"严重。

2. 自然环境变化，诱发因素增多

　　自然环境变化对地下管线的影响主要表现在地层变形和地基沉降，这是城市地下管线环境风险的一大诱因。不同土层的密实度、稳定性和承载能力与土体变形有着密切的关系，可以使地下管线产生位移或沉降变形，对地下管线起着巨大的破坏作用。管线回填土的密实度对路基质量影响极大，直接关系到管线的安全运行。因管线回填土施工不当、地下水作用以及历史地质等原因最终会在地下管线周边形成不可预测的非密实区，当非密实程度较大时，在路面荷载、管线泄漏等多种因素的影响下，造成的管线顶路面纵向裂缝、沉陷等。

　　一般而言，在自然状态下，各层土体的孔隙水压力基本保持自然平衡状态。一方面，过量开采深层地下水使地下水位持续下降，引起土地的有效应力增加，导致地面沉降；另一方面，近些年我国自然生态环境环境发生变化，近几年"南涝北旱"的降水分布型发生了变化，夏季多雨带位置北移，持续近 30 年的"南涝北旱"格局初步显现转变趋势。根据国家气候中心统计，近年来华北地区年降水量明显增多，近 10 年中有 8 年比常年偏多；西北地区 2013 年夏季降水也明显增多，平均降水量较常年同期增多 25.7%，是 1980 年以来最多年。北京 2012 年降水量为近 18 年来最多，远超近 30 年平均值，2008 年以后有向多雨方向转变趋势[1]。由于各地降雨量的突发性变化，各地暴雨成灾现象凸显。连续的强降雨会导致地下水位升高，加剧土壤的疏松程度，发生水体侵害，在交通等外力载荷的作用下导致地面坍塌，从而对地下管线产生巨大的破坏作用。

---

[1] 人民网. 我国"南涝北旱"格局显现转变趋势[R/OL]. 2012-11-15. http：//www.weather.com.cn/climate/qhbhyw/11/1746182_2.shtml.

3. 管线种类繁多，管理体制混乱

我国城市公共经济部门实行条块分割的行政管理模式，城市各类管线种类繁多，水、电、气、热、通信分属不同的行政管理部门，通信、电力等为中央部门管理，水、气、热多以地方的管理为主，但各类城市针对地下管线没有统一的管理体制，立项计划权集中在城市建设行政主管部门，存在严重的"重地上、轻地下、重审批、轻监管、重建设、轻养护"的管理弊端。一般城市内部管线的行政管理单位主要是建委、规划局、公用局，依据这三个部门的"三定"方案，规划局负责管线工程的路由审批，建委负责道路挖掘审批，公用局是行业管理，主要负责供给与需求的协调。这种条块式、缺乏统一的规划和管理模式，人为地分割了管线工程的全过程管理，各部门管理职能交叉、分散，掌握的信息不对称。现行体制下城市各种地下管线规划、设计、施工、维护和管理都属于各种管线的产权单位，各行政主管部门只负责自己所管辖的审批过程，看似有管理，实际上没有真正控制，尤其是工程的质量，从设计、施工、竣工验收，到建成后的管线日常维修养护管理，基本是管线单位自己内部运行，管线处于无序管理状态。政府部门对地下管线建设规划没有前瞻性意识，管线权属不重视与规划管理单位的沟通，导致规划部门只批准，不监管；产权部门在规划自己的管线时，没有考虑其他单位的利益，甚至在实施一些工程时，没有和市政部门沟通，给其他部门的施工造成了事故隐患；有时还会出现部门和部门之间互相扯皮的事情，使原本比较简单的事情复杂化，同时致使管线配套滞后、工程质量较差、管线使用寿命短，造成资源的浪费。

4. 法律法规缺乏，管理无法可依

我国地下管线综合性管理法规与标准规范缺乏。目前我国与城市地下管线有关的法律有 9 部，行政法规 4 个，还有部分部门规章，除了建设部颁布的《城市地下管线工程档案管理办法》管理的主要对象是城市地下管

线工程档案外，尚没有一部专门的法律法规来调整城市地下管线的规划、建设与管理。有关城市地下管线管理的相关规定散落在各有关的法律法规的相应条款之中，作为附属对象进行管理。建设部在 2005 年第 136 号令颁布的《城市地下管线工程档案管理办法》（后简称《办法》），只是"档案"管理办法，存在很大的局限性，《办法》中规定的审批管理制度也难以落到实处。相关部委及地方政府制定的有关城市地下管线管理的政策规定尚不完善。虽然 2004 年、2007 年国务院领导先后做出批示，但《城市地下管线工程管理条例》仍没有出台，缺少政策法规和组织引导，造成城市政府相关部门对地下管线管理的职责不明，没有建立地下管线有效管理的社会机制。具体体现在：一是现有法规只规定了城市地下管线管理的规划、设计、施工、档案管理等环节的城市政府行政主管部门，而其他环节却没有规定，尤其缺少城市地下管线建设主管部门的规定；二是有关地下管线监管、探测、竣工测量、运行管理、信息管理与共享应用以及城市应急管理等环节缺少相关法规。

5. 标准不相协调，缺乏综合标准

为保证管线能够安全运行，各类管线规划、建设、维护和管理都有相应的行业标准规范。但各行业标准规范矛盾冲突，造成不同管线管理部门之间难以协调，致使部分管线只能降低标准敷设，造成潜在的安全隐患。另外，我国疆土幅员辽阔，可能出现不同区域的行业标准不一致的情况。同时多年来，城市建设"重地上、轻地下"，规划"重总规、轻专项"，导致地下管网专项规划相对滞后，已经直接制约着管网建设的科学性和系统性。已经发布和正在编制的有关地下管线的工程建设标准真正与地下管线综合管理有关的只有《城市地下管线探测技术规程》CJJ 61—2003，目前地下管线安全保障还未形成一套完整的技术标准体系框架，而且管线信息系统的数据标准尚未统一，影响数据交换和资源共享与利用，工程监理、专业管线检测、管道健康评估等城市地下管线专业技术标准需要不断健全。

6. 原有基础较差，建设资金匮乏

我国幅员辽阔，地质条件差异大，环境条件复杂程度不同，管线埋设深度不一。在地下管网建设中政府虽已意识到老城区地下管网设施，特别是地下排水、燃气设施的服务能力严重不足，地下管线普遍存在管材质量差，运行环境恶劣，长期超载运行，年久失修，管线设备老化、腐蚀严重，造成爆管和各种形式的明漏、暗漏等问题[1]。以四平市为例，目前天然气管线因老化需更换的管线达 130 公里，占线路总长度的 50%；给水管线因老化需更换的管线达 109 公里，占线路总长度的 46%；供热管线因老化需更换的管线达 114 公里，占线路总长度的 60%。从城市安全的角度急需更新改造，但苦于没有建设资金，只能是修修补补，不能大面积改造，从根本上解决问题[2]。

由于建设资金原因，设计人员片面追求设计简单、施工方便、节约资金，规范意识淡薄，完全忽视了地下管线的安全，将多种管线混合设置，导致质量事故和安全事故时有发生。由于施工人员不熟悉施工规范或不重视管线施工工作，一方面在施工前未收集原有的各种管线专业图，对原有管线的敷设方式、走向、附属设施、材料和管径等情况未进行现场核对、分析，盲目施工；另一方面，施工人员不严格按设计图纸施工，偷工减料、蒙混过关现象严重，致使施工质量低劣，质量事故和施工安全事故时有发生。

7. 日常维护薄弱，监管机制缺乏

在我国的城市建设中长期存在着"重建设、轻养护"的问题。地下管线埋设竣工之后，就长年无人问津，管道淤积、堵塞、腐蚀、渗漏等隐患病害不能被及时发现和排除，致使漏水和漏气现象普遍存在，造成严重的

---

[1] 孙平，王立等. 城市供热地下管线系统危险因素辨识与事故预防对策[J]. 中国安全生产科学技术，2008（6）.

[2] 资料来源：四平市规划局

浪费。随着城市建设的快速发展，地下管网建设的专业性、技术性要求越来越强，随之而来管理的复杂性也越来越高。相对而言，目前大多数城市对各专业管线的建设施工的过程监督管理不够，没有形成有效的监督管理体系。地下管线探测、检测类仪器设备主要依赖进口，国产化程度较低。各管线产权单位大局意识和协调意识不强，相关管理部门和项目建设单位没有履行建设程序，致使大部分的地下管线施工建设不按规定进行竣工测量，或竣工测量的图纸资料不按规定报交档案管理部门，各主管部门又缺乏行之有效的政策要求各施工单位按规定移交相关资料，故难以形成行之有效的城市地下管线信息档案系统，造成我国管道事故发生率居高不下[1]。主要有地下水超量开采带来的地表沉降、土壤腐蚀、坍塌、地震以及降雨带来的城市内涝导致的管网受损。

管线自身安全防护标准降低，如通信管道由人井和管道组成，原来的管道是水泥管道并且包封，现在施工往往采用塑料管道，且很少有包封，致使修路和其他管线施工严重地威胁着通信安全。

8. 档案资料不全，信息管理滞后

我国大部分城市地下各类专业管网的资料残缺不全，全国约有70%的城市地下管线没有系统的基础性城建档案资料，地下管线分布不清的状况普遍存在，全国绝大多数城市地下管线没有一个全面的管线综合图或者数据库，现有地下专业管网的资料都以图纸、图表等形式记录保存，采用人工方式管理，导致地下管线定位不清，安全信息不准确、不充分。由于没有统一的管理，各个管线部门为方便操作，各自建立独立的信息体系、信息平台、数据格式以及数据标准，没法形成共享，有关资料精度不高或与现状不符，管线运行监测与检测信息尚未纳入城市地下管线信息系统，因此无法形成城市地下管线综合的信息系统为城市规划、建设提供有效的地下空间信息保障，效率低下，信息化管理严重滞后，建设单位无法了解地

[1] 孙平，朱伟，郑健春. 城市地下管线安全管理体系建设研究[J]. 城市管理技术，2009（4）：58.

下已建项目，在建设施工中时常发生挖断或挖坏地下管网，造成不必要的经济损失。

（1）地下管线档案管理工作起步迟缓

由于历史原因，城市地下管线档案管理工作起步迟缓，许多城市都没有完整的地下管线档案资料。虽然后来很多城市为此做了补救工作，相继开展了地下管线的普查、测绘、补绘工作，但是由于地下管线具有的特殊性质，此项工作在开展的过程中产生了很多困难。

（2）体制原因导致地下管线档案管理分散

由于地下管线档案涉及很多部门，因此多头保管的现象比较普遍，有的在城建档案管理部门保管，有的在规划部门保管，有的在测绘部门保管，有的在管线建设单位保管（如在供水、供气、排水、热力、电力、电信、人防、地铁等部门保管），甚至有的还在技术人员手中保存。各地下管线产权单位从各自利益出发，并自为政，保管着各自的资料，没有形成一套完整、准确的城市地下管线档案：由于上述原因，致使各管线单位在敷设、改造、维修各自管线时盲目施工、乱挖乱掘，导致城市道路随意被挖开，最终成了"拉链式道路"。这样既缩短了道路的使用寿命，增加城市基础设施建设费用，也影响了城市交通和广大市民的正常生活。

（3）地下管线档案资料不全

城市地下管线档案是经多年建设日积月累形成的，准确的地下管线资料在城市建设中发挥着不可替代的作用。但是在目前的城市建设中，"重建设，轻档案"的现象普遍存在。由于城市地下管线档案保管分散，多头管理，各部门限于自身条件，没有形成有效的管理机制以及档案员素质参差不齐等原因，收集的管线档案往往残缺不全。有些单位急于完工，没有在图纸上落实好地下管线位置，导致日后归档时，图实不符，造成了地下管线档案资料的不准确。

（4）地下管线档案管理手段落后

城市地下管线种类繁多，权属分散，隐蔽性强，安全要求高，故而其档案构成有一定的特殊性，因此，对管线的档案管理有较高的要求。但是城市地下管线资料大多数还是以图纸、图表的形式存放，由各产权单位自行保管，多为纸质资料，缺失错漏、更新不及时现象较为普遍。档案管理工作中，大多地下管线资料未按要求及时归档。各管线的产权单位封闭运行，信息资源没有整合，缺少统一的城市公共基础设施信息平台。

（5）地下管线档案管理工作人员专业知识不足

目前，利用先进的计算机地理信息系统 GIS 技术和 GPS 测量技术等各类现代科学技术进行动态管理是解决地下管线档案管理工作的最好方法，但是现有档案管理人员，尤其是中小城市的档案管理人员还很难适应这一需要。

4 城市地下管线经验借鉴

一、美国经验

美国"生命线"也曾饱尝因野蛮施工而损坏的苦果。统计数据显示，近 20 年来，全美地下管线系统损坏事故中，有三成以上事故是由挖掘不当造成的。因而，美国管道与危险品安全管理局痛下决心制定了一系列制度，以此鼓励所有相关机构自发合作，从而减少破坏性事故。[1]

1. 联动权属单位协同管理

美国地下管线协调组织机构由"一呼通中心"和地下管线管理委员会构成。在美国管道与危险物品安全管理局指导和美国共同地下联盟牵头组织下，美国各州"一呼通中心"及各地下管线权属单位及相关部门协同参与形成了"一呼通体系"[2]。其组织构架见图 4-1。

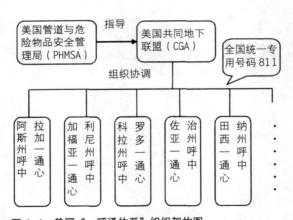

图 4-1 美国"一呼通体系"组织架构图

图片来源：姜中桥，江贻芳."一呼通体系"美国地下管线档案信息管理情况简介 [J]. 城建档案，2012（5）.

---

[1] 都市世界.地下管线，危害性命的城市"生命线" [EB/OL]. http://www.cityup.org/topic/dx/.

[2] 姜中桥，江贻芳."一呼通体系"美国地下管线档案信息管理情况简介 [J]. 城建档案，2012（5）.

美国各州都设立了"一呼通中心"，以确保在全国范围内能够有效实施"一呼通体系"。作为地区性组织，"一呼通中心"由该地区地下管线的业主、运营商、设计单位、政府部门、建设单位等共同组成的董事会进行管理，主要承担对外提供地下管线现状信息查询的职能。该系统在保证权威性、专业性、保密性、互补性等方面效果显著，可以通过电话或网络24小时内向社会公众随时提供所需地下管线信息，同时该系统还定期更新维护地下设施的地理位置（经纬度）等信息。该机构利用最先进的信息技术来保障信息的准确性和完整性。统计数据表明，该体系有效地降低了地下管线的损坏率，减少了运营成本，为地下管线的建设、检测、维修提供了有力的技术保障。美国交通运输部下属的管道与危险品安全局局长 Carl Johnson 认为："开通覆盖全国的统一呼叫号码，是保护地下公共基础设施和安全所取得的最大突破性成绩之一。"[1]

"811"是预防紧急事件的电话号码。美国的地下管线管理委员会是全国性的组织协调机构，其职责在于维护"一呼通"系统、普及地下管线知识、预防地下管线事故、收集分析地下管线事故数据、协调地下管线各利益相关群体的责任分摊等。

2. 政府掌握监督控制权

美国法制健全、规范化程度很高，法律规定了政府在城市规划中的权威地位。地下管线建设直接关乎社会公共利益，不论是由政府直接经营管理还是由私人企业投资经营，政府都享有对地下管线的监督控制权。

3. 专设独立管制机构赋予经营控制权

美国专门设立了独立管制机构来行使对此类公共事业的管制权力。美国的独立管制机构是公用事业管制法律制度的重要构件，州级独立管制机构的管制权限涉及大部分市政公用事业，包括电力、天然气、给排水、通

---

[1] 宁丙文译.美国地下管线的安全管理[J].劳动保护，2010（9）.

信等城市地下管线。虽然在各个州,不同的独立管制委员会的具体权限有所差异,但是大多数独立管制委员会都有授予特许经营权、执照、许可证等的权力。独立管制机构主要负责处理好公共部门和私营部门在基础设施投资中的关系。

4.制度化的相关利益者管理参与机制

城市地下管线的建设是一个复杂的系统工程,其规划建设要考虑到城市社会经济发展的阶段以及城市的长远发展,需要制订严密的规划方案和投资计划。此外,城市地下管线的建设关乎多方利益,为确保建设公平有效地进行,政府需要建立一个各个利益相关者广泛参与并且相互协调的组织。

美国在地下管线的规划建设方面,主要采用了利益相关者参与的方法,这种方法大多数已经制度化。常见的参与方法有:政府官员走访市民、公共舆论、听证会等,其中听证会是最普遍又最有效的方法。通过相互的协调以及最终平衡各方利益而做出科学的决策。

二、英国经验

1.政府主导建设,设置独立监管机构

政府是城市基础设施建设以及监管的主体。英国在地下管线的规划建设方面,依旧是以政府为主导。英国于1962年和1996年分别通过了《管道法》和《管道安全法》。这两部法律从管道的申请、施工、应遵守的技术规定、安全评估、对周边环境影响等方面进行了详细的规定,它们是英国管道安全保护的两部重要法律文件。1989年,英国政府将英格兰、威尔士所有的供水以及污水处理机构进行了私有化。为了对此进行监控,政府又设立了独立的监管机构,对其进行监管。这些监管机构包括环保局、水务办公室、饮水稽查处等,共有工作人员10000多名,由此可见英国政府对监管的重视,以及政府在管理中的主导地位。

2000 年，英国颁布新的《公共设施法》，将以前的天然气供应办公室和英国电力办公室合并，组建了新的监管机构——英国天然气和动力市场办公室。该机构由管理董事会、管理委员会和管理部门组成。董事会有 9 名成员，主要职责是提出战略、基本政策和安全管理方面的意见。该机构制订了相关燃气和电力管线安全管理的具体规定，并指导相关重要管线的安全保护。

2. 无缝集成信息，提高建设管理效率

在英国的管道工业中，广泛使用着名为"Pipeline Manager"的系统。该系统储存了管道走向、沿管道走向的工程信息、环境制约因素、土地所有者信息以及所有这些信息的准确地理位置。该系统能使工作人员便捷地查询到目标地点的多组信息数据。该种信息系统，能有效保障相关机构对地下管线工程的高效管理。

3. 面临排水困境，巨型管沟解决问题

19 世纪 50 年代，正值工业化黄金时期的伦敦城每天要产生 40 万吨的污水。当时的城市并无雨水和污水分离系统，这些污水加雨水最终全部排进了泰晤士河。1858 年的夏天，泰晤士河令人难忍的恶臭让英国议会不得不投入 300 万英镑建设一个由下水道、泵站、污水处理厂等结合在一起的庞大排水系统。约瑟夫·巴瑟杰工程师受命设计建造，也正是他搭建了伦敦下水道系统的总框架。巴瑟杰在设计中首次将雨水管道和污水管道分离，污水管道的出口改成了泰晤士河的入海口，远离城市，并建起了 6 个主要的截流管，总长达 160 公里。历时 7 年打造成的伦敦地下系统总长 720 公里，支干长达 21000 公里，该系统因难度极大被认为是维多利亚时期的地下工程典范，可以满足伦敦 250 万人口的排水需求，但全部污水仍被排向大海[1]（图 4-2）。

---

[1] 张敏彦. 城市的"良心"——探秘国外都市下水道[N]. 新华国际，2013-7-11.

图 4-2　伦敦地下排水管道
图片来源：柳洪杰．美国摄影师探索城市另一面 拍摄地下管道别样景观［EB/OL］．中国
日报网．http://www.chinadaily.com.cn/hqzx/2012-07/26/content_15617808_3.htm

　　19世纪工业化中建造的下水道为很多欧洲城市排水系统打下了基础。在伦敦，约瑟夫·巴瑟杰的设计为各类管道有序排列奠定了基础。日后的工程师们陆续在同一个隧道中建造起了市政、电力、通信、燃气等各类管线，从而实现统一规划、设计、建设和管理。就排水管容量而言，最初巴瑟杰设计时，依据的是当时人口的两倍数量，即以400万人口的基础来计算。但150年后，伦敦市人口增长已远超预期，这意味着即使再宽的管道，在大暴雨来袭时，排水能力还是不足，也会导致城市水漫金山。20世纪80年代末90年代初，工程师们又对排水管道进行了一次调整，市政府投入一大笔资金，将水管加粗并增加了泵站。但是，随着气候变暖而越来越多的强降水出现，伦敦城被淹的情况依然时有发生，而且污水也造成了环境问题。[1]

　　针对内涝问题，巴瑟杰设计了"防暴雨安全机制"，即当降水量过多时，可以允许污水排入泰晤士河，以防城市被淹。这个设计最初是为了应急，

---

[1] 张敏彦. 城市的"良心"——探秘国外都市下水道[N]. 新华国际，2013-7-11.

但今天，平均每周都要启动这个紧急机制。因为随着城市发展，现在每小时仅 2 毫米降雨就要触发这个应急机制，这使得每年都有 3900 万吨未处理的污水流入泰晤士河，从而造成泰晤士河污染等环境问题。2005 年，一个独立委员会提议建造名为"泰晤士河隧道"的工程。这个巨大的地下隧道宽如三辆公共汽车，沿着泰晤士河，跨越伦敦东西，长约 15 ~ 25 公里，埋在地下 67 米处，这个巨大的隧道将连通 34 个污染最重的下水管道，将本来会排到泰晤士河中的污水收集处理。经过多年讨论伦敦市政府决定启动这个造价约达 170 亿英镑的工程，可能将在 2020 年完工。[1]

三、德国经验

1. 新技术确保安全建设与管理

德国解决路面"开膛破肚"最有效的办法是在城市主干道一次性挖掘公用市政管廊[2]。管廊内包括电力电缆、通信电缆、给水和燃气管道等。综合管线廊道能隔绝地下管线与泥土的直接接触，有效避免了酸碱对管线的腐蚀，一方面延长了线路的使用寿命。另一方面，综合管线廊道方便线路检修，有效地减小了检修压力。在老城区建设综合管线廊道，德国采用了岩土钻掘技术手段，可以在不挖开地表的前提下进行管道的敷设、检查、更换和维修。在管道监测维护方面，德国管道公司设计了两类无人驾驶飞机管道监测系统，飞机搭载摄像机和高分辨率远程传感系统，对地面进行信息的汇集和数据处理。该设计能有效监控第三方破坏。

2. 通过立法严格审核规划方案

自 20 世纪 50 年代以来，德国的各个城市都以立法的方式对地下管道

---

[1] 张敏彦. 城市的"良心"——探秘国外都市下水道[N]. 新华国际，2013-7-11.

[2] 青木. 德国地下管线一次建好[J]. 广西城镇建设，2005（6）.

的建设进行了明文规定。"公共工程部"的成员包括市民、城市规划专家、政府官员、执法人员。在地下管道建设规划方案中必须将有线电视、给排水、电力、煤气和电信等地下管道的分布情况和拟建管道分布包括在其中[1]。在保证拟建管道与周边既有管道的分布情况一致的前提下，进一步具体规划拟建地下管道的建设方案。

涉及范围较大的地下管道工程还需经过议会审议，通过听证会的形式来征求周边受影响住户的意见。这也起到协调住户、建设运营商、涉及地段产权人等多方意见的作用。最后，在听证会通过审议的前提下，工程项目才能被审批通过。

在项目审核过程中，政府需注意审批的前瞻性，即要综合考虑未来城市建设的走向来给予项目指导意见。

3. 政府引导多方融资市场运作

在经营上，德国的大多数城市采用灵活的多家企业参股的市场化方式经营。投资方对建设的地下管道设施享有一定年限的管理权和收益权。同时，如果投资企业出现资金不足等情况时，政府还应协助引导社会资金、其他企业和个人的闲置资金投入。但是，即便拥有一定年限的管理、收益权，地下管道最终的产权永远归属国家，这一点确保了地下管线能统一由国家协调和管理。在规范了市政设施的管理的同时，还可以避免重复建设和不规范建设，节约了国家资源。

4. 柏林污水处理排放特殊经验

（1）高度重视规划，考虑极端情况

德国历来十分重视城市规划，几乎做到城市规划覆盖每一寸国土，德国规划既严谨又相当具有前瞻性，其中柏林排水系统的规划年限在 50 年以上。柏林自来水公用事业公司自 1852 年起开始负责柏林供水并按市政

---

[1] 吕明合，汪晓晔. 一条挑战体制的地下管道[N]. 南方周末，2010-04-22.

厅要求在最初营建时便考虑未来80～100年的城市发展规模在地下按照给排水规模敷设供不同需求使用的管道。柏林降雨量分布平均，约为580毫米／年，并不属于强降雨覆盖地区。但规划设计者以超前的防灾减灾思想预计柏林可能面临的暴雨内涝等最极端情况来进行规划。同时该市自来水公司还根据当代市政发展情况不断修改完善规划蓝图，并引进最先进的环保技术维护和扩建地下排水设施[1]。

（2）雨污分离排放，减轻管道压力

柏林市地下排水管分雨污合流和雨污分流两种。市内排水系统既可以防内涝又可以蓄积多余雨水，达到合理利用废水，节约水资源的目标。柏林市地下管道中，1/4的下水管道是同一个管道排放雨水污水，这些管道主要在市中心。对于市中心而言，地下空间有限，这样的处理方式会节省地下空间。而另外3/4的下水道，则是雨水排涝系统和污水处理系统分开运行。雨水经由专门管道排入城市周边河流湖泊等水系，而生活及工业生产污水则经废水管道留到污水处理厂进行无害化处理再排放。目的是合理回收利用雨水，同时缓解城市用水和排水的压力。水的质量也因降水的承接面来源不同而有很大差异。通过房顶流下的雨水只受过轻度污染，它们顺管道流下，水质相对较好，经过轻度处理就可以用来浇灌植物、冲厕所、进入喷泉等水景观中。而来自机动车道上的水，由于机动车的磨损而含有大量的金属、橡胶和燃油等污染物，这样的水必须经过处理达标后才可以排放。

由于污水管道经常会有垃圾杂物，雨水管道也会碰到淤泥堆积，如果清理不够及时，就会引发堵塞，影响排水。因此从简单的技术工艺角度来看，首先柏林地下管道的铁箅子的缝隙比较大，这样会提高排水速度；其次铁箅子下面装有一个铁篮子，就像厨房水池中的筛子一样，这种铁篮子能够截留住污水中混杂的树叶、塑料袋、污泥等杂物，清洁工人只需定时打开下水井盖，把铁篮子钩出来，取走垃圾然后再将铁篮子复位即可。相比在管道终端处理，这种方法较好地利用路面和排水设施之间的空间，不额外

[1] 韩旭阳，高美.柏林雨水循环暴雨化"无形"[N].新京报，2012-07-29.

占用空间，也不用进行大型施工，不仅利于清洁部门打扫，还有效地减少排放物堵塞排水管道的几率，确保下水管道能快速有效地排水。

（3）蓄水池防内涝，充分利用雨水

柏林百年来都未有大的内涝发生，雨水污水分离式排放系统功不可没。在这套体系中，废水和雨水是通过两套单独下水管道处理的，这样就大大减轻了下水管道的压力。专门的雨水管道就用来负责处理降水，这些管道与城市的河流相通，雨水直接通过管道流入就近的水域。雨水管道可以应付一般的降水，此外，柏林市还有160多个紧急排水口和暴雨溢流口分布在不同运河上以防万一，另外还有总共能积蓄90万立方米水的1000个蓄水池及水库设施。当降雨平息后，这些蓄水池中多余的水就可以送往污水处理厂进行处理。为了防止污水雨水一起排放的合并式下水道在暴雨时溢流，设计者在此类型下水道沿线设立了蓄水和防溢流设施——明沟。明沟仿照天然河道的造型并发挥相应功能，遭遇大降雨时明沟可以积蓄大量雨水，降雨过后再通过水泵将雨水抽入污水处理厂处理。如果雨量过大，未经处理的雨水和污水就将通过防溢流设施直接排放进附近的河流中。而且此外河道下面也建了大型蓄水池，与堤坝上的排水口相连，用来暂时储存从合并式管道中流出的污水，之后再把它们送往污水处理厂。

德国是世界上雨水利用最为先进的国家之一。德国立法规定，在新建小区之前，无论是工业、商用还是居民区，都要设计雨水利用设施（多是敷设截留雨水的草坪），否则政府将征收雨水排放设施费和雨水排放费。柏林市政建设者除了花大力气建设地下设施，还积极利用地上景观减轻排水压力，由起伏地形和人工湿地组成的部分公园可以实现蓄水排水功能，此外社区也被鼓励建设一定数量利用雨水的景观和人工湖。柏林每年降水量会达到580毫米，出于环保和经济目的，政府倡导合理利用雨水，实施了"雨水费"制度。这项制度规定，不管是私人房屋还是工厂企业，直接向下水道排放雨水必须按房屋的不渗水面积，交纳每平方米1.84欧元的费用。但是采取雨水利用设施的用户就可获得减免和优惠。以柏林著名商业区波茨坦广场为例，柏林市地下水位较浅，建设广场的时候，要求开发商不能增加地下水补给量。其在建设时将适宜敷设绿地的屋顶全部铺满了植被，可以利用植物存储雨水达到防洪的目的；而不能敷设植被的屋顶则通过管道将雨水引入地下蓄水池，与地下室的泵站和净水系统相连，构成循环流动水系统，传送给地面上的 3 个地面人造水景观，超标的雨水则通过地面入渗系统进入城市地下水管道排出。柏林市新建小区楼顶都敷设了草坪，但是在大部分老小区，居民采取自制装置过滤雨水——居民在自家庭院地下安装一个与屋顶面积相当的蓄水器或储水罐，从屋顶流下的雨水中，一些树枝和树叶杂物被拦截下来，雨水则流入蓄水罐；经过自然沉淀，上面干净清洁的水则通过压力输送到需要的地方，可以用来洗衣服、冲厕所、浇花园、洗汽车等。除此之外，柏林也设计了一些巧妙的小方法用来防止路面积水，例如根据不同的区域铺设不同的透水路面。人行道、步行街、自行车道及郊区道路等受压不大的地方，采用透水性地砖，加速雨水渗透，马路两边还设有排水孔等。

（4）注重日常监管，全天监控维修

柏林市在敷设地下管道的时候就考虑了未来的运营管理，因此地下的管道设施十分宽阔，管道节点面积相当于一个房间的大小，施工人员可以将工程作业车直接开进管道中进行勘察和修缮，即使在相对狭窄的管道中也可用工程机械进行勘探和维修。同时，管道落差高达数英尺，这样宽敞和高落差的设计可以保障水流能迅速地从管道中排泄出去，并在出现故障的时候便于工程师和管道工进入维修。从 1873 年兴建第一条下水道开始到今天，柏林地下管道已经长达 9500 千米，管道服务中心对管道进行每年 65 千米的例行检查，会派人定时巡视管道，有些进不去看不到的管道就通过闭路电视系统进行监控，利用这种系统，即使是普通家庭直径仅 15 厘米的下水管道，也能进行全面检查。柏林市水处理机构有 6 个污水处理厂、2 个地表水厂、4 个储水过滤器和 9 个自来水公司的工作站、6 个水质检测中心和 148 个分布全市的泵站，对柏林地下全部管道 24 小时实时监控，随时分析水质和洪汛状态，确保柏林不会出现内涝情况，人均水费（包括排污费）每月 32 欧元。

四、日本经验

1. 共同管沟主导规划

（1）区别设计不同功能的管沟

在日本，地下综合管道被称为共同沟。共同沟在功能上分为干线共同沟（Common Duct for Truck Lines）和支线共同沟（Common Duct for Utility Supply Pipelines）。共同沟内部所含管道大致分两类：一类是电气、通信等缆线；另一类是城市燃气、供暖、给排水等管道。共同沟干线敷设在机动车道下方，主要容纳各类主缆线、主管道，并不直接为用户服务。[1] 例如东京大手町干线共同沟，只收容电话电力主缆线（图4-3）。

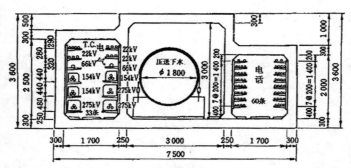

图4-3 东京大手町干线共同沟断面图

图片来源：彭芳乐，孙德新，袁大军等. 城市道路地下空间与共同沟 [J]. 地下空间，2003，23（4）.

支线共同沟则直接向沿道用户提供服务，为了提供服务方便，该类共同沟敷设在人行道下方。例如1984年建成的东京银座支线共同沟断面标

---

[1] 彭芳乐，孙德新，袁大军等.城市道路地下空间与共同沟[J].地下空间，2003，23（4）.

准图（图4-4）。该共同沟不仅收容了电力、电信缆线，上下水道、城市燃气管道，还收容了交通信号灯以及路灯电缆。

日本干线共同沟和支线共同沟的特点见表4-1。

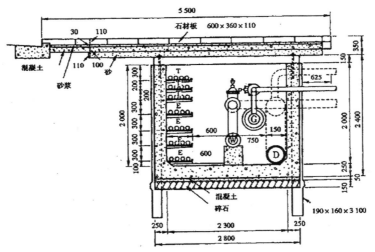

图4-4　东京银座支线共同沟标准断面图

图片来源：彭芳乐，孙德新，袁大军等.城市道路地下空间与共同沟 [J]. 地下空间，2003，23（4）.

日本干线共同沟和支线共同沟的特点一览表　　　　　　　　表4-1

	干线共同沟	入户供应支线共同沟	
		老城市区	待开发地区
收容物	电气、电话、城市燃气、上下水道、工业用水	电气、电话、城市燃气、上下水道（一般不考虑工业用水需求）	除了干线共同沟收容物以外，还有供热管、垃圾输送管等
位置	位置：机动车道下面 保护土层最小厚度：原则上一般断面为2.5m，特殊断面为1.0m	位置：离人行道1.0m的道路下面 保护土层最小厚度：原则上为1.0m	位置：机动车道下面 保护土层最小厚度：原则上为1.5～2.0m

续表

	干线共同沟	入户供应支线共同沟	
		老城市区	待开发地区
收容断面	考虑到管理与防灾要求，原则上是一种管线一个洞口，但是当收容物较少或受到种种条件限制时，也有多种管线布置于同一洞口的施工实例	除了城市燃气管道之外，各种管线布置于同一洞口，一般断面的内部尺寸要考虑到收容、管理空间等各种空间，关于城市燃气管道也有布置于同一洞口的施工实例	同左栏一样，除了城市燃气管道之外，各种管线位于同一洞口
特殊部	换气口（可兼出入口），检修孔，燃气室，电线电缆连接等需要而设置	原则上只考虑维修管理的需要而设置	配件的取出更换，施工的交接部等需要而设置

来源：彭芳乐，孙德新，袁大军等．城市道路地下空间与共同沟 [J]．地下空间，2003，23（4）．

（2）前瞻性规划设计确保共同沟适应未来环境

日本共同沟建设和规划设计会考虑到很多因素，这主要体现了日本共同沟规划设计的前瞻性。考虑的因素主要有：共同沟上方现有公路或者未来公路的交通预测量；将来需要的公共设施发展情况和路面重复开挖的频率；未来城市规划和地下空间利用规划中（如城市环状高速公路、地铁、立体交叉）有无大规模工程以及施工年限预测；现存的地下道路设施、地下埋设物和石油输送管道等。此外，共同沟作为道路附属物，需要尽量和道路延伸方向一致，而由于各种特殊情况，共同沟的设计也需要依据施工可行性来确定。

共同沟是道路附属物，原则上应该设置在机动车道下方（主要是指干线共同沟），共同沟的中心线与道路中心线吻合。但是，由于受到各种其他因素的影响，例如交通道路状况、特殊部的位置、城市建设规划、其他城市设施（地铁、高速公路、干线下水道和其他单独洞道等），共同沟的建设也会根据不同的情况，综合考虑可行性以及方便性来调整。纵向线形要在考虑平面线形的同时还需考虑到共同沟上方的填土厚度与坡度。最小填土厚度标准部为 2.5 米、特殊部为 1.0 米。排水沟的坡度设置也要考虑到收容物件和维修管理的要求，要尽可能与纵向坡度相吻合。

（3）综合构造特点设计附属设备

共同沟由一般部（即标准部）、特殊部、通风换气口以及出入口等构成。特殊部是收容物件的分支部、电缆电线的连接部、敷设物件办入库部等，设计复杂、断面尺寸大。为方便调节内部的温度、湿度，排出有害气体，还需要设置通风换气口。通风换气口有自然换气口和强制换气口之分，一般情况下，自然换气口又兼有共同沟出入口的作用。

共同沟内部尺寸，除了考虑收容物件所需的空间外，还考虑到了留出设备检修、保养的通路以及工作空间、通风换气空间、排水空间等。例如通信电缆的配置标准断面如图4-5所示。共同沟内收容的管道物件（城市燃气、上下水道、城市供热、城市供暖等管道）的标准配置断面如图4-6所示。

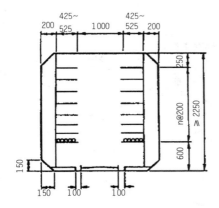
图 4-5 通信电缆标准配置图（单位：mm）

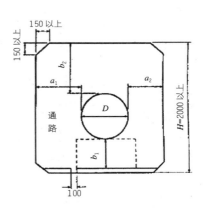
图 4-6 管道内标准配置图（单位：mm）

图片来源：彭芳乐，孙德新，袁大军等.城市道路地下空间与共同沟[J].地下空间，2003，23（4）.

为了确保共同沟内安全，方便检查、维修、保养等，共同沟内还设置了给水、照明、换气以及其他安全保障设施。

（4）多种施工方法应对不同环境

共同沟的施工方法一般采取明挖法和暗挖法。明挖施工法，首先要确定必要的施工范围，并打入钢板桩等挡土设施。挡土设施会考虑到施工地点的地质环境、路面状况、周边建筑情况、地下埋设物等因素从而进行分情况选择。常用的方法有：①工字型或者H型钢，边挖土边打入钢板挡土；②地基软弱地下水位高时，采用钢板桩挡土；③浇筑连续砂浆桩等。明挖法的断面图和施工顺序如图4-7和图4-8所示。

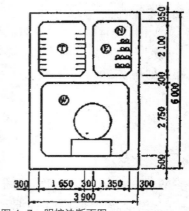

图4-7　明挖法断面图

图片来源：彭芳乐，孙德新，袁大军等.城市道路地下空间与共同沟[J].地下空间，2003，23（4）.

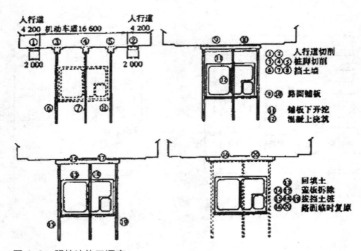

图4-8　明挖法施工顺序

图片来源：彭芳乐，孙德新，袁大军等.城市道路地下空间与共同沟[J].地下空间，2003，23（4）.

因为明挖法会给路面安全带来隐患以及给周边环境带来噪声。新的特殊方法便被运用到施工中，"盾构法"就是被广泛采用的一种。采用地下掘进机直接在地下进行暗挖，有效减小了对交通的阻碍和对周边环境的噪声污染。盾构施工方法，首先要开挖、浇筑掘进与到达两个竖坑，将设计制作的盾构掘进机械搬入掘进立坑组装，掘进的同时进行排土，护壁浇筑隧道。当掘进工程完成后盾构掘进机在到达立坑内进行盾构掘进机械分解并搬出坑外，随后在隧道共同沟内设置各种收容物件及照明、通风换气、排水的设备装置。盾构法断面如图4-9所示。

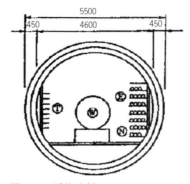

图4-9　盾构法断面图

图片来源：彭芳乐，孙德新，袁大军等. 城市道路地下空间与共同沟[J]. 地下空间，2003，23（4）.

2. 技术信息支持运营

共同沟内照明设施非常完备，其照度完全可以满足检修要求，并且照明灯都是防爆灯具。其他管道设施也都是防爆设施。管线共同沟的环境是自动监控的。一旦共同沟内部发生气体、液体泄漏、管沟进水或者空气含氧量下降的情况，就会立刻出现报警提示。例如，临海副都心的地下管线，共同沟长16公里，仅抽水泵就安装了1000多台。

日本共同沟采用信息化管理，管沟的出入口和管沟内部都装设了大量感应器和探测器，各种情况及时反映给主控室，从而管线的运营情况能一目了然。一旦人或其他动物进入管沟就能立即被发现，并且可显示其所在位置。

3. 经济法律保障建设

（1）特别措施法严格保障共同沟建设

在日本，综合管线廊道被称为"共同沟"，为了推动共同沟的建设，日本在1963年就制定了《关于设置共同沟特别措施法》。初期，因为地下管线涉及众多的地下管线单位，共同沟的推行发展缓慢。随后，由于政府的有力推广以及利益方对其作用的认识加深，在不断的修订和完善下，措施法被逐渐接受。1991年日本政府成立了专门管理共同沟的部门，负责推动共同沟的建设并对共同沟进行维护管理。

（2）各级政府负担部分费用

自1963年日本颁布《关于设置共同沟特别措施法》之后，综合管线廊道，即共同沟，就作为道路的合法附属物，在道路管理者负担部分费用的基础上开始大量建造。共同沟的建设资金由道路管理者和管线单位共同承担。如果该道路属于国家级道路，则道路管理者为中央政府，那么就由中央政府负担部分的费用；如果该道路属于地方道路时，道路管理者为地方政府，就由地方政府和管线单位共同承担建设费用。同时，地方政府也可以向中央政府申请无息贷款作为共同沟的建设费用。

4. 全面完善技术规定

日本曾针对地下管线建设占用道路制定了《地上及地下埋设物占用道路制度的概要》（静冈县建设部道路局道路安全工作室制定），主要内容包括：①在道路法中，在道路上设置一定的建筑物或设施，并对道路的继续使用被称之为占用道路。占用道路时，必须得到道路管理者的许可（道路法第32条[1]）。这样的许可不是基于构成道路的土地的所有权等私法上的权利，而是基于道路的管理权。获得许可的占用者，在道路的该部分上，拥有排他独占且可继续使用的权利。但是在合法的情况下，占用的道路被作废时，占用者不能以占用的权利为由与其对抗。另外，占用者须向道路管理者交纳占用费。②依据水道法、工业用水道事业法、下水道法、铁路事业法或全国新干线铁路整备法、煤气事业法、电力事业法、电信事业法的规定所设置的水管、下水道管路、公用铁路，煤气管道、电线杆、电线、公用电话等被称之为公益性占用物。公益性占用物在道路用地之外没有空地并且占用地以及构造符合政令的规定的情况

---

[1] 彭继东，国内外智慧城市建设模式研究[D]. 吉林大学，2012.

下，道路管理者必须予以批准。占用公益性占用物，在施工一个月前，须向道路管理者提交工程计划书。③占用者的义务：占用者因获得占用许可，而产生了以下义务：履行许可的内容以及附加条件，包括交纳占用费、占用期间结束后以及占用被废除后需恢复其原状等；起因于占用道路，给道路管理者或者第三者带来损害或与第三者发生争执时，占用者必须负责对其进行赔偿或解决争执问题。④占用道路的许可期间不一定与申请者希望的占用期间相同。道路法规定，依据下列条件制定每种占用物的占用期限，在其范围内决定占用期间。道路法第三十六条中规定经营者为了开展事业所设置的占用物（公益性占用物）的期限为 10 年之内。其他的占用物（一般占用物）为 5 年之内 [1]。⑤道路管理者对占用道路的许可进行审批时，为了保证道路构造和交通的安全、确保交通的协调性，在没有课以不正当义务的范围之内，可以要求占用申请者提供其他附加条件。许可的条件分为一般条件和特记条件。一般条件就是从占用的性质来看基本上所有的占用物的共同之处。占用物的特殊性、占用地的道路状况等一般条件无法对应时，在此之外附加的各种条件为特记条件。特别是在地下或在高架桥下设置物，并属于在对道路的管理上有较大的影响的物时，须附加很多特记条件。没有履行道路管理者所附加的条件时，依据道路法第七十一条的规定，对其进行监督处分。利用道路管理者的监督处分，可以下达取消占用许可或中止施工或恢复其原状等命令。⑥申请占用道路时，占用者必须交纳占用费。依据道路法实行政令规定了占用费。交纳方法，在交纳通知书规定的期限内到银行交纳。一次交纳该当年度一年的占用费（不满一年为占用期间），就算许可在该年度的中途被废止，交纳的占用费也不予退还 [2]。有关占用属于国家以外的道路管理者管理的道路的占用费，根据地方公共团体的条例有另外的规定，与国家的占用费不同。占用物的种类包括自用广告牌、遮阳用具、

---

[1] 彭继东，国内外智慧城市建设模式研究[D]. 吉林大学，2012.

[2] 张军，高远，傅勇等. 中国为什么拥有了良好的基础设施?[J]. 经济研究，2007（3）.

施工用临时围墙、脚架、装卸场地等。

5. 东京雨水控制系统

日本东京，一开始走的是"先发展后治理"的道路，只顾构建现代都市的光鲜面孔，却疏于地下城建设，直到 20 世纪 90 年代，东京才决定建一个"表里如一"的都市。东京地区的地下排水系统于 1992 年开工，2006 年竣工，自此之后东京水患不再。

（1）城市内部巨型蓄水池调节

东京的地下排水设施有百余年的发展历史。19 世纪末，人口日益增多的东京因为没有下水设施引发霍乱，导致 5000 多人丧生。这推动东京修建了第一条近代意义的下水设施——神田下水道。自东京从 1908 年公布下水道的基本计划以来，近百年间，该市不断完善地下排水设施，其普及率近乎达到百分之百。据统计东京都目前 23 个区的地下排水管道总长约 1.58 万公里——相当于往返东京与悉尼间的距离。地下管道的管径也从 25 厘米到 8.5 米不等，有的管道空间甚至能容下两层楼的别墅 [1]。但仅凭下水道，并不能完全解决东京的水患。东京年平均降水量为 1466.8 毫米，几乎是世界平均降水量的一倍。其城市排水面临的问题更加严峻。目前，这一有着 1300 万人口的超级大城市应对集中暴雨的"法宝"是"下水道 + 地下蓄水池"。日本从 20 世纪 80 年代初开始运用地下储水设施来应对集中降雨，公园、小学和家庭等容易积水的地点都建造有不同大小的地下蓄水池，其中最为大型的有 4 个，位于东京江东区的一个大型蓄水池一次可存储 2.5 万吨雨水。这 4 个超级地下蓄水池从 1980 年后开始设计施工，在突降大雨时，如果下水道的水位急剧上升，雨水将自动流入这些巨型蓄水池，以缓解下水道的压力，防止内涝。而如果雨量减少，下水道水位下降，蓄水池内积蓄的水又将自动回流到下水道。急降暴雨时，这些巨大蓄水池能很快"吞掉"大量的雨水，由于地下蓄水池的存在，有效减少了地面被淹

---

[1] 孝金波，袁悦. 东京"地下宫殿"吐纳急雨[N]. 新京报，2012-07-29.

的几率。[1]

（2）城市外围建设地下排水系统

位于东京外围埼玉县春日部市的"东京外围排水系统"，规模为世界最大，深埋地下 50 多米、全长 6.3 公里。系统由 5 个巨大的圆柱形蓄水坑、宽度达 10 米的输水管道，以及更为巨大的"调压水槽"构成，这一地下排水系统历时 14 年全部完工。

"东京外围排水系统"的排水模式与市内蓄水池异曲同工，只不过规模比后者更为巨大。其中最为壮观的是有"地下神殿"之称的"调压水槽"，该设施也供蓄水之用，面积达 13806 平方米，长 177 米，宽 78 米，高 18 米。"调压水槽"能将从 5 个蓄水坑流来的大量雨水"吞入肚中"，或者备用，或者用飞机引擎改装的抽水泵，排入附近的江户河。[2] 该系统每年大概运作 5 ～ 7 次。尽管耗资巨大，建设费用达 2400 亿日元（约人民币 192 亿元），但有效地减少了城市内涝。地下蓄水系统目前是东京及其周边地区的主要治水模式，很多地方的蓄水池储存的水还能被再利用。除此以外地上也开始建设大量蓄水设施，最近刚落成的日本最高塔——东京天空树就设计了一个可回收利用的排蓄水系统，天空树的蓄水池能储存 7000 吨雨水，可供其所在的东京墨田区 23 万人使用一天，主要用作灾害发生时的生活用水或消防用水。

图 4-10　东京地下排水管
图片来源：瞿教授讲故事.日本东京的地下排水设施［EBoL］.http://blog.sina.com.cn/s/blog_612efb3901017z8f.html

———————————

[1] 孝金波，袁悦.东京"地下宫殿"吐纳急雨[N].新京报，2012-07-29.

[2] 孝金波，袁悦.东京"地下宫殿"吐纳急雨[N].新京报，2012-07-29.

五、巴黎经验

1. 巴黎地下管网发展历程的回顾

　　17 世纪前巴黎处于污秽不堪的状态。17 世纪中期，虽然塞纳河两岸的排水渠长达 8000 多米，其中有 2300 米盖板，但并没有显著提升巴黎的整体排污能力。1789 年法国大革命爆发之后，大量人口涌入巴黎，人口规模从 1800 年的 58 万迅速突破了百万 [1]。数量庞大的马车致使交通彻底瘫痪，进城民众见缝插针、私搭乱建房屋，落后的排水系统时常引发流行疫病，1802 年发生的一场水灾几乎使巴黎排水系统崩溃。从 1805 年开始，勃吕纳梭用了 7 年时间视察了整个巴黎地下污水沟，对全部沟网进行消毒净化，加深沟槽添设新沟管，至拿破仑时代，巴黎封闭式下水道长度达到了 30 公里。

　　塞纳河既是巴黎的城市水源，也是城市的排污通道，由于地表部分废水未经净化便流向河中，河流严重污染，1832 年的霍乱导致 2 万人死亡，巴黎到处弥漫着恐慌的情绪。1848 年拿破仑三世任命乔治·奥斯曼为塞纳省行政长官（其为前巴黎警察局长），直接支配巴黎，由其负责规划并建设一个"新巴黎"。1852 年后，奥斯曼接受拿破仑三世的委任，进行大规模的拆迁改造，奠定巴黎的基本城市格局，并一直延续至今。

　　在巴黎寻找新水源和污水处理系统是奥斯曼争议最少并最富有远见的改造贡献。奥斯曼认为城市的地下管道与人体内部循环相似，决定将脏水排出巴黎，而不是按照以往那样将脏水先排入塞纳河再从中获取生活用水。他召集了包括著名建筑师欧仁·贝尔格朗在内的水利专家设计"挖地铺管"计划，1854 年全权委任贝尔格朗实施巴黎下水道工程。贝尔格朗利用巴黎东南高、西北低的地形特点，在河内修建截污干管，将污水排入 20 公里以外的郊区。为了保证下水道的畅通，贝尔格朗发明了钢板结构的清沙船

---

[1] 刘火雄. 巴黎下水道：2350 公里构筑"城市良心" [J]. 文学参考，2011，14：76–80.

用于清除排水沟沉积物，在干管内设置直径 1 米多的木球清除管道中的沉积物。至 1878 年，贝尔格朗和工人们建成 600 多公里长的下水道。此后，塞纳河干净澄澈，困扰巴黎的百年污水、垃圾和瘟疫逐渐成为历史。1894 年巴黎政府以法律的形式，规定城市范围内所有的饮用水供应、废水排泄均采用封闭形式，巴黎下水道从此成为一个完整的排水系统。

第一次世界大战后，随着城市人口的增长，迫于环境压力，巴黎的工业污水净化改造工程始于 1935 年，历时 10 年，4 条直径为 4 米、总长 34 公里的排水道得以建成。第二次世界大战后，巴黎市政府进一步扩大和完善下水道排水系统，连接每家每户的厕所。到 1999 年，巴黎全部完成对城市废水和雨水的处理。目前，巴黎下水道总长为 2350 公里，是巴黎一座大型的地下水库，是世界上最早的也是唯一的下水道博物馆[1]。博物馆每年接受 10 万游客参观，通过图片、设备和真实的排水管道，介绍了巴黎排水的历史、技术说明、饮用水源等。

2. 塞纳河地下综合管道系统计划

根据巴黎东南高、西北低的地势特点，贝尔格朗设计了将雨水等废水排到郊外的方案。此外，他还在下水道中设计建造了蓄水池。截至 1878 年，巴黎的地下水道网便长达 600 公里。巴黎的下水道距离巴黎市地面至少 50 米，水道纵横交错，密如蛛网。目前大巴黎地区人口高达一千余万，地下水处理系统管道总长达 2400 公里，其中 1425 公里为污水处理管道。这个网络另外还包括：污水干管、管道间接管、溢洪道、排水沟渠和疏通管道等，其规模超过发达的巴黎地铁，雨水落地后便可迅速排放[2]。

按照沟道的大小，巴黎下水道可分为小下水道、中下水道和排水渠三种。排水渠宽敞无比：中间是宽 3 米的排水道，两旁是便于维修人员进入

---

[1] 刘火雄. 巴黎下水道：2350公里构筑"城市良心"[J]. 文史参考，2011，（14）.

[2] 百度文库. 国外治理城市内涝的一些好方法[EB/OL]. 2012-07-24.http://news.yuanlin.com/detail/2012724/114729.htm.

的宽约 1 米的便道。有趣的是，废水在污水下水道下部流动，上部衬有不同厚度的管道，包括饮用水、非饮用水管道和水库通信设备。为了增强冲刷效果，防止下水道堵塞，在小下水道中设计建造了蓄水池。通过净化站对雨水和污水处理，处理过的水一部分直接流入塞纳河或郊外河流，另一部分通过非饮用水管道循环利用。[1]

贝尔格朗利用"水往低处流"的原理，将污水引到很远的郊外。具体做法如下：根据街道的不同高度，设计了水道、水泵站和用于检修的行走道等，还有许多诸如清污闸门、闸门车、闸门船、泥沙沉淀塘、捞斗、溢洪道等清污排污的附属设备。最后，巴黎将所有污水都排到欧洲最大的、日处理量为 200 万立方米的阿歇尔污水净化站。巴黎地区现有 4 座污水处理厂，日净化水能力达 300 多万立方米，净化后的水排入塞纳河，每天冲洗巴黎街道和浇花浇草的 40 万立方米的非饮用水均来自塞纳河。[2]

巴黎下水道有 3 个特点：①借塞纳河流经巴黎的自然落差把城市污水带走；②在排生活污水的同时兼顾雨水收集；③开放步入式系统，高起点上一步到位，沿用 150 年至今不受限，避免了修修补补的麻烦。150 多年前设计的下水道并非只是考虑污水排放，还有许多至今沿用的清理养护技术。从 20 世纪 30 年代起，巴黎下水道从传统的单纯排污转向对污水和雨水的清污后排放，新建了巨大的储水库。排水系统建立在城市可控性之上。巴黎百年前的设计是基于对城市百年后发展的一个合理预期。[3]

虽然这样的市政工程初期需要巨大的投资，但这可以为后期的使用节省大量人力与物力。一旦出现管线泄漏、电缆短路或者其他故障，工人都可以直接进入地下进行维修，完全不需要像国内"开膛破肚"后再处理。

---

[1] 百度文库.国外治理城市内涝的一些好方法[EB/OL]. 2012-07-24. http://news.yuanlin.com/detail/2012724/114729.htm.

[2] 百度文库.国外治理城市内涝的一些好方法[EB/OL]. 2012-07-24. http://news.yuanlin.com/detail/2012724/114729.htm.

[3] 晓妖. 还城市一管畅通的血脉[EB/OL]. 2012-07-30. http://cswb.changsha.cn/html/2012-07/30/content_25_2.htm.

3.巴黎地下管网运营管理的经验

巴黎大约有 2.6 万个下水道盖，6000 多个地下蓄水池，有超过 600 名工作人员专门负责下水道的维护与清洁 [1]。为了确保工人的安全，政府禁止排放酸类、氰化物、硫化物和其他放射性材料进入下水道。巴黎下水道的深度为 5 ~ 50 米不等，纵横交错的管网，密如蛛网，基本采用石头或砖混结构，非常结实，墙壁也非常干净。下水道高度在 2 米以上，中间是宽约 3 米的排水道，两侧是宽约 1 米的通道，便于检修人员通行，且能并行 2 辆汽车，在地下可以划船。[2]

巴黎市城市生态保护局下属的巴黎排水与水处理技术处专门负责饮用水提供和污水处理服务，该处使用名为地下水道网络管理信息化处理（TIGRE）的地理信息化系统管理地下水道网络。这一系统自 1992 年开始使用，目前使用的是 2006 年 9 月更新的 TIGRE 第五版本。这一系统拥有 20 个终端，15 个各有 4 名工作人员的小组监控。每段下水道一年内可以得到两次检查。[3]

巴黎市现在还设立了名为 G.A.AS.PAR 的监控系统，对地下水道网络流量与降水的储存情况进行实时监控。此系统对于突发状况能立即做出反应，并对可能的决策进行评估。巴黎利用使用者的税金来支付污水处理的资金。巴黎市每年通过确定一个使用者缴纳污水处理税比率来实现支出平衡。塞纳 – 诺曼底水务局对涉及塞纳河的所有项目工程进行补贴从而实现保护。[4]

巴黎下水道的每条岔路都有自己的名字，事实上对应其路面街道的名

[1] 王静. 法国巴黎建有完善独特城市排水系统[EB/OL]. 2011-07-29. http://www.xinhua08.com/news/ssdh/shms/201107/t20110729_708305.html.

[2] 刘火雄. 巴黎下水道：2350公里构筑"城市良心"[J]. 文史参考，2011，（14）.

[3] 刘卓. 巴黎：好一座"地下大水库"[EB/OL]. 2011-07-26. http://jjckb.xinhuanet.com/2011-07/26/content_323405.htm.

[4] 王静. 法国巴黎建有完善独特城市排水系统[EB/OL]. 2011-07-29. http://www.xinhua08.com/news/ssdh/shms/201107/t20110729_708305.html.

字。熟悉巴黎的工人在井下工作时绝不会迷路。地上和地下名称的统一还便于工作，如果一个街道排水沟发生堵塞时，工人可以适当和及时地处理相应的地下管线。

近年来，巴黎市新建立了两个电脑控制的污水和雨水压力提升厂，它们不仅能够使下水道废水加速流动，还能清除大量垃圾和泥沙。除此之外，巴黎针对雨季还陆续建立了 11 个塞纳河水净化站，以此保证流入塞纳河的水的质量。巴黎还在横穿城市的塞纳河河底建立了 7 条自动虹吸通道，将城南的废水与雨水吸引入城北。

六、成都市温江经验[1]

成都温江区地下管线相关工作由温江区规划管理局主要主持展开。与地下管线建设管理相关的科室有市政测绘管理科、规划信息服务中心、规划建筑设计室等。规划管理局在地下管线相关事业方面主要负责贯彻国家和省的相关政策决议，参与编制全区内的区域规划，负责城乡道路、桥梁、隧道、给水、排水、燃气等市政规划工作，同时在地下管线的监督检查方面负有责任。温江区在地下管线管理中，搭建了地理信息公共平台，成为西部地区数字城市建设的典范。平台中的地下管网信息部分是通过建立三维系统，将普查到的地下管网抽象数据变为立体的、可观感的立体形象，使得地下管网分布状况、管径大小、埋设深度、材质情况等清晰立现。高科技的平台以及科学规范的管理模式，使得地下管线的档案数据方便获知，同时也提高了政府办事能效，实现了城建信息的公开化。地下管网管理模式主要进行了以下探索：

1. 进行地下管网普查评估

为了满足温江城乡现代化建设需求，优化基础设施，规范城乡地下管

---

[1] 资料来源：成都市温江区规划局.

线的建设秩序，提高地下管线的建设和管理水平，温江区政府从 2007 年开始建设城乡规划综合地理信息系统，并同时开展地面管线普查工作。于 2007 年 11 月完成普查工作，并建成城乡规划综合地理信息系统。该系统协助温江区政府全面掌握区内地下管线资源，为实施市政基础统筹管理工作打下基础。温江区在完成地下管线普查工作之后，并没有如往常一样将普查数据导入系统数据库，而是先由管线权属单位确认普查数据。此工作使地下管线责任主体得到明确，有利于保证管线数据的真实性与有效性。权属明晰之后，温江区通过专业市政研究院评估了全区管线。评估工作包括：分析问题、排查隐患、整改措施、安排时间和资金的预算。地下管线评估工作理清了原管网系统所存在的问题，并根据工程难易程度和财政资金安排，制订逐步整改计划。

2. 编制地下管线综合规划

在完成城乡规划综合地理信息系统建设、地下管线普查、管线权属确认、管线评估工作后，温江区已建成支撑城乡市政基础设施规划体系编研的工作平台。在此平台的基础上，编制完成涵盖道路交通、给排水、电力、燃气、通信、水系以及地下空间 7 大专业、12 个门类的市政基础设施规划。目前温江区的专业专项规划在民生保障、能源支撑、环境保护、交通出行等方面已形成完整的体系、强大的系统，有效指导市政基础设施建设，充分发挥规划在经济社会发展中的龙头作用和基础作用。

3. 地下管线规划现状对接

温江区综合地理信息系统通过整合管线普查成果和专业专项规划两套成果，来实现同一平台、同一标准的统一管理。通过对地下管线普查和管线评估工作发现的老问题，能够在专业专项规划的新成果里找到解决问题的途径和方法。综合地理信息系统能够实现地下管线现状和规划成果的数字化与可视化。如此管线系统存在的老问题不仅能够得到解决，专业专项的新成果还能得到验证，政府的管理也能更加透明、系统、精细。

4. 制订地下管线年度计划

温江区按照"将规划变计划，将计划变实施"的工作方式，对城乡规划统筹管理实施新模式。能够实现全面优化的管理平台，全域覆盖的规划体系，使建设时序科学合理，协调基础设施建设与城市发展，同时还能保障基础设施体系的安全可靠，提高公共财力的使用效率。温江区还实行《市政基础设施年度实施计划》制度，每年年底温江区依据区域发展计划，结合现状矛盾和规划体系，对全区市政基础设施建设需求进行统筹分析，安排来年项目建设计划，对区域基础设施建设进度进行科学指导，保障建设主体、建设规模、建设资金等落实，保证项目按计划实施，充分发挥基础设施引领发展作用，保障区域健康发展和政府投资效率，确保市政体系的安全性和可靠性。区人大每年都会监督《市政基础设施年度实施计划》的贯彻实施情况。

5. 建立联合审批监管制度

温江区结合各部门职能职责、相关法律法规，对市政项目进行监管。同时在温江区地理信息公共平台统筹优化流程的基础上，开展市政项目多部门联合审批制度。各部门各司其职，针对项目计划到竣工验收整个过程的各个环节进行监管。规划选址作为发改立项的必要条件；通过规划和结构审查的施工图作为审计预审的依据；规划竣工复核作为竣工验收的前置条件；规划竣工复核结果作为审计决算和财政支付的依据。地理信息公共平台的联合审批制度，不仅促使规则得到强化，还能加强政府对市政建设项目各个环节的监管，管理效率也得到了提升。

6. 抓住规划管理关键环节

为了保障项目在实施完成后完全解决市政系统存在的问题，项目在具体实施过程中，需要注重方案审查和施工图审查，从而保证项目在设计阶段便按既定的专业专项规划进行。市政项目之初强制放验线，确保在施工阶段严格按照审查通过的施工图进行施工。项目结束强制竣工测绘复核项目实施的结果，配合综合地理信息系统检验项目建成后所能发挥的效果。通过综合地理信息平台，抓住关键环节，从设计、施工到最后竣工验收均进行有效的监管控制，增强管理的整体性和连续性。

7. 财政提供基础经费保障

温江区为了保障各项工作顺利进行，将全区规划编制、基础测绘、施工放线、竣工测绘、重大市政项目研究和公共平台建设的经费全部纳入年度财政预算，由区财政承担。温江区测绘管理办公室根据"三个强制实施意见"统一组织对市政基础设施项目进行放验线和竣工测绘，建设单位只需电话通知即可。待测绘工作完成后，建设单位签字确认工作量，所有测绘费用均由温江区测绘管理办公室与财政部门统一结算，所需资金在区财政年度预算中予以落实。建设单位通过这个举措能够逃离繁杂的资金支付环节，从而促使测绘这类技术保障成为真正意义上的服务保障，有利于实时更新测绘数据，使基础建设更加系统和安全。政府对于建设过程的监督也得到加强，重复测绘、重复投资和重复建设等现象得以缓解。

8. 建立管线专业测绘队伍

温江区测绘管理办公室在"统筹管理"的基础上，希望通过实现技术保障到服务保障的过渡，建立起专业测绘队伍，24小时随时待命，并确保测绘任务的高质量完成度，来促进测绘工作在城乡管理、基础设施建设、防灾减灾等方面的基础性作用。同时，将实测数据入库，通过地理信息共享平台，将数据采集、处理分析、结果提供进行有效整合，保障了"三个强制意见"的有效实施，提升了服务水平，为提高管理决策的科学性和准确性打下了坚实的基础。

9. 明确管线管理责任主体

2009年温江区将市政项目施工图审查的管理职能从区建设局划到区规划局，把规划审查、结构审查、技术服务进行有效整合，落实责任主体，强化职能职责，保障市政项目的准确性。区规划局对市政方案、图审结论、竣工复核和验收数据负责，切实做到了市政项目的监管到位，保证了项目从方案到施工图的一致性。随着设计、审查环节的规范，逐步开放图审市场，建立与之适应的施工图审查机制。市政方案直接用于指导施工图设计；施工图审查结果将直接作为审计预算的依据；项目的规划竣工验收复核将作为审计决算和财政拨付的依据，实现了对市政建设项目的政务审批和数据更新流程的封闭式管理。

10. 建立网格化管理模式

温江区率先在区（市）县建立了区、镇（街办）、村（社区）、组为责任人的四级网格化管理机制，对违法建设治理实现了"横向到边，纵向到底"网格化管理模式。同时温江区还紧密结合城乡管理执法队伍、测绘执法队伍与规划执法队伍，对片区、镇街全方位负责，区域执法全覆盖得以实现。"管项目、管好项目"的信心，通过全域执法和全域规划的实施得以树立，各部门的规则意识同时也得到加强。

七、借鉴启示

1. 对我国城市地下管线法规体系构建的借鉴

（1）填补法律空白确保管线建设顺利进行

在地下管线的安全问题方面，英国、美国、加拿大等西方国家相当重视，这些国家的管线公司对管道完整性管理问题都进行了研究。它们颁布了一些安全法律法规来预防管线的破坏，确保地下管网的安全，同时阐明了管道运行管理人员的资格认证和管道完整性管理的概念。在管理法规体系上，我国需学习国外积极立法、及时修缮的运行方式[1]。日本原先在地下管线建

---

[1] 孙平，朱伟，郑建春. 城市地下管线安全管理体系建设研究[J]. 城市管理技术，2009，4.

设、管理方面并不规范,但是自从1963年颁布《关于设置共同沟特别措施法》后,地下管线在建设、管理、维护上逐步走入正轨。随后的数十年里,法律法规不断完善,健全的法律体系有力地保障了该事业的长足进展,日本也成为世界上地下管线建设最先进的国家之一。德国、美国等也是因为有完善的法律制度,才能在地下管线建设上顺利发展。

（2）严格制定地下管线建设审批制度

在地下管线建设方案审批上要制定严格的审批制度,建设方案首先需要考虑到对周边设施的影响,对居民生活的影响,对将来城市发展的影响以及其使用寿命等。审批机构可以组织城市规划专家、政府领导、执法人员和利益相关的市民构成审核委员会,从不同角度审定方案的可行性。最后,综合评定建设方案的可行性,来决定是否批准建设。严格的审批制度能够确保资源的有效利用,避免资源浪费,同时促进地下管线建设走向更高的技术平台。

2. 对我国城市地下管线安全管理运营的启示

（1）建立利益相关者参与机制

为了确保地下管线在建设中能够平衡好多方利益,必须建立利益相关者参与机制,鼓励全部或者部分利益相关者代表主动参与建设方案的制定、审核。

（2）设立独立机构进行管理

在地下管线建设中,要以政府为主导。同时在各地区设立独立监管机构对地下管线项目行使监督管理权。针对不同地区的情况对管理机构授予一定权利,例如有权授予特许经营权、执照、许可证的权利等。独立监管机构负责处理各个利益相关者之间的关系,同时负责向公众普及地下管线知识、预防地下管线事故、维护地下管线正常运行等。

（3）培养优秀专业管理人员

要想构建良好的管理体系,培养优秀的管理人员十分有必要。管理机构可以吸纳并定向培养管理人才,在地下管线项目的技术、监管、设施维护以及处理公共关系等方面培养专项人才，同时要注重综合型人才的培养。

（4）加强管线安全技术研发

国外重视管线运营过程控制的研究，注重研发和提高管道监控系统和计算机网络管理系统的自动化水平 [1]。为了方便对地下管线的监管，实行信息化管理，同时减少地下管线的第三方破坏，构建地下管线直呼体系，将先进的信息技术、地理定位技术等融合到管线的建设中，在数据库中纳入管线所处的地理位置、管线周围的地质状况、管线上方和周围的建筑状况、管线的使用状况等信息，使用者可以通过网络查询、电话直呼等方式 24 小时获知地下管线的相关信息。直呼信息系统的管理可以方便信息使用者查询信息，同时方便管理者实时了解管线状况，实现灵活管理。管线泄漏检测技术的开发商，提高检测数据的可靠性，大力研发非开挖检测技术。

（5）逐步引导地下管线经营管理市场化

市政工程的市场化是普遍趋势，地下管线的经营管理也需要通过市场化的方式来逐步减小政府压力，经营管理的市场化还可以推动对社会资源的有效利用。监管单位通过授予特许经营权的方式同意私营单位参与建设并给予其一定年限的经营权。私营单位在经营权有效期内可以享有地下管线的收益权，同时行使对其的维护管理，但是政府拥有对地下管线的所有权。在私营单位的权利到期后，可以继续签订服务承包合同。

3. 对我国城市地下管线规划建设实施的启示

（1）规划设计注重前瞻性

随着社会的不断进步，地下管线的种类将逐步趋于多样化，为了保证地下综合管道适用于未来生活，地下管线的规划设计需要注重前瞻性。应注意的有：共同沟上方现有公路或者未来公路的交通预测量；未来需要的公共设施发展情况和路面重复开挖的频率；未来城市规划和地下空间利用规划中（如城市环状高速公路、地铁、立体交叉）有无大规模工程，以及

---

[1] 李文波，苏国胜. 国外长输管道安全管理与技术综述[J]. 安全、健康和环境，2005（1）.

施工年限预测；现存的地下道路设施、地下埋设物和石油输送管道等。

（2）不同功能管道区别设计

国内地下综合管道的设计需要考虑到其容纳物的不同以及功能的不同。日本在设计支线共同沟和干线共同沟时就考虑到了其使用功能的不同。在国内地下综合管道建设中，也要汲取日本经验，区别设计，使其功效最大化发挥。

（3）加强附属设备构建，保障管道安全

为了维持地下综合管道的正常运转、保障管道安全，附属设备的构建十分重要。主要包括排水设备（共同沟内部水管、结构壁面以及各接缝处都可能造成渗水、漏水，应及时排出[1]）、通风设备（地下综合管道内需要维持正常通风，当地下综合管道内有毒气体浓度超标时，应进行强制通风，以降低有毒气体的浓度。一般通风设备利用地下综合管道本身作为通风管，再交错配置强制排气通风口与自然进气通风口）、电力设备（为了维持地下综合管道内的日常照明，达到通风排水的标准要求，附属设备中电力设备亦非常重要）、通信设备（为使地下综合管道检修及管理人员与控制中心联络方便，地下综合管道内应配备相应的通信设备。可以采用有线与无线两套通信设备）及广播设备（广播系统分为一般广播与紧急广播两种）和中控设备。

（4）合理使用各类建造方法

作为 21 世纪新型市政基础设施建设的重要标志，"综合管线廊道"技术因其综合、集约、寿命持久的特性被广泛采用。综合管线廊道建成以后可以避免路面重复挖掘造成的资金、人力的浪费。综合管线廊道采用最新型的材料与技术建造：优质的材料主要有高效的防渗材料、可灌性好并可调整凝固时间的浆材等，技术方面则大量采用信息管理技术，方便了建设和维修。同时针对不同的地理环境，需要选择不同的建造方法，例如明挖法和盾构法等。合适的建造方法能够节省资源，同时能高质高效地完成建

---

[1] 刘惠河，马文胜. 共同沟附属设施设计的探讨[J]. 西南给排水，2005，3：36-39.

设任务。

（5）引入市场机制加强基础设施建设

大多数西方国家都推行城市基础建设的市场化运营，通过引入市场机制来提高政府的管理水平，常出现的市场化方式有：对地下管线企业进行私有化改造，转移部分或者全部的所有权给私营部门；私营部门通过获取特许经营权来参与地下管线建设并获取一定年限的运营权；签订各类服务承包合同，公共部门和私营部门一起参与地下管线的建设。在美国，有很多案例可循，例如 19 世纪 20 年代，美国纽约引进煤气时，就是采取的签订特许经营合同的方法。

（6）注重新技术的研发与应用

如日本研制多功能电能测量装置，可以判断电力系统中的用电量和电压特性数据，使设备的利用率更合理化；美国 BAUR 公司将评估电缆总特性的介质耗散因数的测量技术和不连续确定电缆故障的极低频局部放电测量技术相结合，研制出这种一体化电缆诊断系统；英国雷迪公司研制采用网络接入功能的 RD4000 型地下管线探测仪，通过互联网可实现在线注册、远程故障诊断、设备配置、频率下载，简便快捷地实现其功能升级 [1]。

4. 对我国城市地下管线引进民间资本的启示

（1）民间资本进入城市公共服务领域背景

民间资本进入城市公共服务领域的实践尝试最早起源于 20 世纪 50 年代的欧美发达国家，并在 20 世纪 80 年代的美国发展最为迅速。伴随着城市快速发展，欧美发达国家在 20 世纪末期面临着不断增加城市基础设施建设需求、不断增长的城市原有公共服务设施维护的需要，以及现有城市政府财政收入和城市公共服务管理的机构资源难以满足城市公共服务发展的现实问题。在这种情况之下，城市政府开始将引进"民间资本参与城市公共服务"作为满足城市发展需求、扩大公共财政的影响范围、减少财政

---

[1] 天晴. 日本研制多功能电能测量装置[J]. 农村电气化，2003（9）.

资金压力的主要方式；同时希望能够通过与"私有经济"在投资、建设和管理环节上的合作提高城市公共服务的创新能力，并提高抵抗风险的能力。1980年代开始，"公共资本—民间资本合作模式"（"PPP"模式）作为部分发达国家在城市基础设施建设及城市公共服务建设方面的主要方式逐步扩展到学校建设、医院建设、城市轨道交通建设、城市道路建设、城市供水等诸多领域。

（2）公共资本—民间资本合作模式（PPP）的定义

根据美国交通运输管理政府机构（US DOT）的解释，"公共资本—民间资本合作"（PPP）是"一种以合同契约为基础的公共部门与私营合作者之间的合作关系"，与传统的城市基础设施建设和城市公共服务实践相比，"公共资本—民间资本合作"模式给私营组织在城市发展项目更新、建造、操作、维护和管理的过程中赋予了更多独立的参与权利；尽管在一般情况下，城市公共部门合作者具有对城市发展项目的最终确定权和所有权，私营组织仍然在项目的整个运营过程中具有独立的决定权利。[1] 在PPP模式下，城市公共部门参与私营组织共同承担城市基础设施建设和城市公共服务提供过程中潜在的风险、共享可能的收益，同时为出现的问题承担责任。

（3）公共资本—民间资本合作模式（PPP）的分类

综合分析现有的研究报告及实践案例资源，根据民间资本对项目设计（Design）、建设（Build）、融资（Finance）、运营（Operate）和转移（Transfer）等环节的参与程度，目前采用的"公共资本—民间资本合作模式"（PPP）主要可以分为以下几种类型：

①设计—建设—融资—运营模式（DBFO）。在该模式中，政府根据特许经营协议授权私营资本主体负责城市公共服务项目的前期设计、建设，中期项目融资，以及主要后期的项目运营的整个工作，并负责在合同期内提供协议规定的城市公共服务；政府部门一直保持对项目的拥有权利，而民间资本除了通过特许协议获得一部分收益外，同时也获得提供服务的收入。

---

[1] US DOT. Report to Congress on Public-Private Partnerships，2004（12）：10.

②运营—维护模式（OM）。私营部门根据特许合同，经营和维护公共服务所有设备，并向社会提供服务，公共部门通过对运行、维护的外包减少后期公共服务对公共资本的占用。

③建设—所有—运营模式（BOO）。私营部门融资建设并运行新项目，公共部门不介入公共设施的建设和经营，私营资本对项目具有垄断性。公共部门仅通过法规及政策的手段参与整个项目的运行和公共服务的提供。

④建设—所有—运营—转移模式（BOOT）。私营部门负责融资建设项目，并在特许经营合同规定的时间范围内拥有对项目的所有权、运营权和收益权，在合同结束后，项目的相关权利转换为公共部门所有。

⑤购买—建设—运营模式（BBO）。根据特许经营合同，民间资本购买城市政府原有项目，并对其进行建设与开展运行服务；在项目运行期间，政府通过合同对民间资本进行控制，并在合同期结束后重新获得改造后的项目的所有权利。

⑥单纯融资模式（FO）。民间资本不参与城市公共服务项目的设计、建设、运营过程，已不具有对项目的拥有权利，仅仅为城市公共部门提供融资服务，并根据合同获得相应的收益。

（4）相关实践评价与借鉴

伴随着"公共资本—民间资本合作模式"在城市基础设施建设和城市公共服务领域的世界范围内实践，相关的研究分析及评价表现出对 PPP 模式应用不尽一致的结论，甚至截然相反的评价。而从不同项目的实际实施结果来看，也表现出较大的差异性。

通过对 8 项美国城市道路建设的案例分析，James W.March（2007）认为通过公共资本与民间资本合作的方式参与城市公共服务项目主要具有以下优势[1]：①合作方式与多元主体的参加能够更好地加强对项目目标的认识，更有效地达成长远目标，同时增强解决问题和争议的能力；②"PPP

---

[1] James W. M.. Case Studies of Public-Private Partnerships for Transportation Projects in the United States. Office of Policy and Governmental Affairs，2007.

模式"能够通过对"民间资本"的引入,减少城市公共服务项目在运营资金,特别是预付性资金上的压力;城市政府能够通过资金"杠杆效用"的运用,使得公有资本在更大领域和更多项目上发挥主导作用;③伴随着民营组织的进入,更先进的技术、更有效率的管理方式以及更高端的风险控制办法将会在"PPP 模式"下城市服务项目中得到应用,受众群体将会得到更高效、更高质量的城市公共服务。与此同时 James W.March(2007)强调在"生产效率"、"风险分散"及"提高市场竞争"方面,"PPP 模式"具有传统城市公共服务生产提供模式无法比拟的优势。

Graeme A.Hodge 和 Carsten G. 在《公私合作:国际表现评论》中同样表达了对"PPP 模式"的肯定[1],他们认为民间资本参与城市公共服务项目的实践,不仅仅能够高效正常地满足城市建设和城市公共服务领域的需要,还能扩大公共资本的服务范围,解决其他领域的社会问题。同时,民间资本的进入也会为城市公共服务项目带来更多的创新思维的出现和先进性方法的应用。波兰学者 Mark Romoff 则通过对加拿大 Anthony Henday Drive Southeast 交通项目的持续研究调查,认为由于民间资本在项目设计、建设、融资和运营阶段(DBFO)的全面参与,该项目不仅仅提前两年为公众提供了高质量的公共服务,同时延长了 30 年的工程安全使用及维护年限。[2]

与"民间资本参与城市公共服务项目"支持者意见相左,部分反对者认为其模式并非提供城市公共服务的最好方式。在《公私合作并非"银子弹"》一文中,Myriam D.Cavelty、Manuel Suter 认为,在 20 世纪 70 年代,通过引入"民间资本"参与城市公共服务项目建设仅仅是为了应对"经济危机"而产生的权宜之计;在很多完成的"公私合作"的项目中,由于私人资本的"逐利性"与城市公共服务的"公共性"之间的矛盾,民间资本与公共资本难以仅通过契约的建立实现"明晰的责任分工"、"相互信任"、

[1] Graeme A.H., Carsten G..Public – Private Partnerships: An International Performance Review – Essays on Service Delivery and Privatization. Public Administration Review Volume 63, Issue 3, Pages 545–558 May & June 2007.

[2] Mark R..Public–Private Partnership – Canadian Experience and Best Practices. 2012.

"明确的目标和发展战略"、"合理的风险分摊"以及"清楚的责任和权威的分配",使得大多数的"公私合作"项目实践实际上是建立在一系列不稳定的基础之上,而这种不稳定和矛盾的状态在项目预期会失败的时候表现尤为明显。[1]Dennis De Clerck 等 3 位学者通过对大量公私合作项目及其合同的研究,提出清晰而详尽的合同的建立以及"契约风险"的排除是影响采用"PPP 模式"的城市公共服务项目成功与否的重要因素。而两者的实现不仅仅需要项目主体在明确权责、监督管理、风险控制等方面额外的人力物力投入,也对项目实施地区的法律制度建设、经济发展水平和政府部门员工的素质有着较高的要求。由于参与主体的有限性和契约环境的相对封闭性,不健全发展条件极易导致"腐败"和"寻租"现象的产生。[2]

通过对发展中国家民间资本参与城市供水服务的相关研究,Marin P. 发现在缺少必要的相关法律规定、符合实际的合同契约、有效的监督机制和交流平台的项目中,民间资本的进入并没有带来更好的供水服务或更大的供水范围,带来的更多是增长的水价,缩减的供水范围以及民间资本与公共资本的"共输"现象的产生。[3]在部分极端项目之中,由于"PPP 模式"的引入,城市底层居民重返原始的取水方式,使得供水服务的"公平性"和"公共性"遭到了极大的破坏。

[1] Dunn-Cavelty M., Suter M..Public-Private Partnerships are no silver bullet: An expanded governance model for Critical Infrastructure Protection. International Journal of Critical Infrastructure Protection, 2009, 2(4), 179-187.

[2] De Clerck D, Demeulemeester E, Herroelen W.Public private partnerships: look before you leap into marriage[J]. Review of Business and Economic Literature, 2012, 57(3):249-261.

[3] Marin P.. Public-private partnerships for urban water utilities: a review of experiences in developing countries (No. 8). World Bank Publications, 2009.

5 城市地下管线安全发展指引

一、发展思路

1. 指导思想

为加强地下管线管理，防止外力破坏造成管线事故，保障地下管线正常运行，全面贯彻落实《中华人民共和国城乡规划法》、《中华人民共和国安全生产法》、《中华人民共和国石油天然气管道保护法》、《中华人民共和国电力法》、《电力设施保护条例》、《建设工程安全生产管理条例》等有关法律、法规规定，坚持"安全第一、预防为主"的方针，坚持以人为本的安全理念，建立城市地下管线规划、建设、管理安全发展长效机制，提高城市地下管线保障能力，努力使我国城市地下管线安全状况得到根本好转。

2. 基本方针

坚持城市地下管网统一规划、协调发展、科技支撑、监管并重；坚持立足防范、关口前移，依法行政、强化监管，深化整治、综合治理的总体思路；构建"政府统一领导、部门依法监管、企业全面负责、群众监督参与、社会广泛支持"的安全生产工作格局。

3. 发展目标

到 2015 年，基本形成较为完善的城市地下管线规划、建设、安全管理法规政策与技术标准体系、管理体制、监管体系和应急救援体系，加快信息资源更新与共享机制的不断完善，加速技术装备国产化、新型管材及新技术的研发推广，使特大管线事故得到有效控制，全国城市地下管线安全状况明显好转。到 2020 年，全国城市地下管线安全状况根本好转，实现城市地下管线空间资源高效利用，地下管线基础设施安全和环保建设，城市地下管线信息综合高效利用，总体上达到或接近世界中等发达国家水平。

二、战略任务

1. 完善地下管线安全法律法规体系

加快《城市地下管线管理条例》的立法进程。加强城市地下管线立法的相关工作，按照统一规划、统一管理、分工负责、信息共享、安全运行的原则，明确城市地下管线的管理体系和执法主体，规范地下管线规划、建设、测量、运行维护与安全、档案与信息管理的程序，明确各责任主体的行为和对违法行为进行处罚的措施。希望通过法制建设，切实加强城市地下管线的统一规划，统一管理，建立城市地下管线信息管理系统和信息共享、资源有偿使用的机制，使城市地下管线规划、建设、管理得科学化、法制化。

加强各类地下管线标准规范的协调和修订工作，管线规划、建设和管理的标准规范是各类管线管理的指导法则，要彻底改变当前管线标准规范制定部门化的现状，要加强各类管线国家标准的制定，避免管线建设行业标准左右国家标准的不合理现象。[1]

确立管线的合法地位和产权归属，建立严格的管线破坏责任追究制度。

2. 理顺地下管线规划建设管理制度

目前，我国城市地下管线的管理分属多个部门，由于缺乏统一的专业性法规，管理流程错综复杂，程序模糊，责任不当。管线单位在办理相关审批手续时往往不是十分清楚先后次序和必要性。地下管线从规划、设计、施工、竣工验收，到支撑城市发展和为城市服务的各个环节应有一套完整、清晰和规范的管理流程，指导政府部门、管线建设单位和管线权属单位有条不紊地运行。坚持统一规划、统一设计、统一实施、统一管理的原则，

---

[1] 刘贺明. 城市地下管线规划、建设和管理有关问题的思考[J]. 地下管线管理，2007（6）.

逐步提升城市管线基础设施保证能力。坚持突出重点,统筹建设,明确责任,科学管理,优化利用地下空间资源。理顺按照规划许可,对占用、挖掘许可、施工许可、设计变更、规划验收、竣工验收及备案、竣工材料归档的顺序,梳理标准规范的地下管线建设审批流程,确保管线建设审批有章可循,方便管线单位的申请工作,落实行政管理便民、利民的指导思想。

3. 建立健全地下管线安全监督管理体系

地下管线与供水、排水、燃气、热力、供电、通信等多个行业、多个单位相关,种类多、分布广、隐蔽性强,同时涉及规划、建设、道路、水务、电力、通信和燃气等多个政府部门和建设、勘察、设计、测绘、施工、监理、维护等多个单位。为实现地下管线的安全运营,必须明确相关政府部门的职责和管线单位的责任,构建地下管线的监督管理体系,清晰界定了规划行政主管部门、测绘行政主管部门、道路行政主管部门、建设行政主管部门、城建档案管理机构等 5 个主要相关部门的职责和管线建设单位、管线测绘单位、管线施工单位、管线监理单位等管线单位的责任,尤其重点明确规划行政主管部门负责建设、维护城市统一的地下管线信息管理平台的职责和道路行政主管部门负责编制道路挖掘机制的职责,确保了政府部门之间职责清晰明确、管线单位之间责任划分清晰。

4. 加强地下管线安全科学技术研究和应用

鼓励采用各类先进技术对地下管线进行标识、定位、探测和管理。技术研发和应用主要侧重以下 4 个方面:(1)城市地下管线综合管理的信息化技术。增加科技投入,加大地下管网地下管线探测定位、质量监测和检测(漏水检测、腐蚀检测)技术和安全评估技术研究,包括小口径非金属管线探测技术、地下管线信息示踪标识技术、管线声呐检测技术、管道泄漏定位技术、供水管道漏水系统控制技术、管道安全评价技术。(2)城市地下管线综合规划设计和施工技术。城市地下管线综合规划设计包括市政管线规划设计现状综合评价、规划设计理论、规划设计技术、规划设计标准体系研究。城市地下管线施工技术包括自动化程度高、稳定性好的非开挖施工设备研发、非开挖施工钻进轨迹工艺技术研究、非开挖铺管修复更换施工工艺技术、非开挖施工的城市地下管线工程质量评估技术、旧管道的原位置更换技术及设备装备的研发。（3）城市地下管线的运行安全保障技术。包括加强地下管线在线巡检、定量评价在内的管线运行监管信息快速、智能化获取技术，城市地下管线预警与应急处置技术，管线的安全保障技术。（4）城市地下新型管材及管路附件开发与应用。包括多层共挤聚乙烯复合管开发、翻转浸渍树脂软管开发、U 形聚乙烯管材开发、大口径衬塑混凝土管开发。

5. 建立健全地下管线安全管理救援体系

整合城市地震、防汛、消防、化工、交通、卫生等防灾救援指挥机构，建立城市高度统一和一体化的防灾救灾指挥体系，建立统一的的灾害救援指挥机构、指挥中心和信息处理中心，将城市地下管线安全纳入系统之中。科学制定地下管线应急指挥程序、指挥手段、协同关系等，确保紧急事务处理方案周密，职责分工明确，有效促进各种紧急救援工作的落实，进而处理好各种可能和已经发生的危机。提高各类管道从业人员的技术水平和安全管理人员的业务能力，储备专业的应急救援队伍，提高地下管线事故救援能力。

6. 加快地下管线安全信息化建设

地下管线信息平台的不唯一性、管线信息标准的缺失和管线信息数据的零散是造成目前地下管线事故频发的主要原因。各级地方政府必须认真组织开展城市地下管线普查工作，逐步建立起城市地下管线埋设情况的总体骨架，形成依托城市地理信息系统的城市地下管线图纸，建设城市统一的地下管线信息管理平台，确保管线信息的统一性和权威性。规划行政主管部门负责城市统一的地下管线信息管理平台的筹建和维护，并提出满足录入这一平台的电子数据格式及相关的技术要求。

地下管线综合数据库包括地下管线空间坐标数据和属性数据，是"城市地下管线信息管理系统"必备的基础数据库。加强地下管线档案管理工作，建立城市地下管线综合数据库，实现地下管线动态管理，随时增补最新的管线数据，保证管线系统数据的现实性，确保管线信息的权威性，从而更好地为城市地下管线维护、建设和管理服务。

管线建设单位到相关部门办理道路开挖手续前，必须到城建档案馆查询有关地段地下管线现状资料，地下管线完工后、覆土前必须实施强制的竣工测量活动，形成管线竣工测量数据及时入库、管线复杂地区修补测量和管线应急抢修线位变化及时报备等构成的地下管线信息数据库动态更新机制，最大可能地保障了管线信息数据的全面性和准确性，进而形成城市地下管线工程查询利用制度，促进地下管线安全信息化建设。

7. 加快地下管线安全技术保障体系建设

为保护地下管线的安全，避免城市建设活动破坏地下管线，城市建设中任何与地下空间利用相关的建设项目，包括道路建设、地下管线建设、地质勘探及其他包含开挖、爆破、钻探的施工活动，应在开工前调查了解施工范围及施工影响范围内的现有地下管线情况。对城市中特殊管线予以严格保护，如以非开挖方式敷设管线的地下管线工程应在地面设置永久性标识；敷设高危管线的地下管线工程应在地面设置永久性的安全警示标识。

8. 加强地下管线安全培训和宣传教育体系建设

加强安全意识宣传教育工作，使全民意识到地下管网安全的重要性；完善教育培训制度，提高地下管线单位人员的整体素质。按照把紧急事件的威胁度告诉每一位居民的指导思想，大力加强宣传教育的力度，以提高居民的防范意识和自我应急处理能力。

9. 加强对管线重大危险源的监控和重大管线安全事故隐患的治理

一些区域性或市域性重要管线，发生事故时可能会影响交通和对机动车道路基损毁，带来较大的损失或危害，对其他区域性或市域性重要管线产生影响和危害而引发更大的事故，这类管线包括燃气（天然气）输气管、输油管、给水输送管等。[1]

加强对发生事故时可能带来较大损失或危害的区域性或市域性重要管线和危险源，如燃气、石油、供水等场站和管线的重点监管，建立隐患排查和治理机制，有效预防安全事故的发生。

10. 加强对管线责任单位的安全监管

城市规划行政主管部门定期检查地下管线责任单位安全管理制度和事故应急预案，对其安全生产管理机构、安全管理人员素质和人员配备进行强制性规定和检查。加大施工现场地下管线安全监管力度，应将地下管线保护措施是否健全纳入工程安全生产条件核查工作中。建立责任追究和惩戒制度，重大责任事故追究相应的民事责任和刑事责任，加强地下管线安全运营的监督管理。

11. 促进地下管线安全产业发展

目前地下管线信息管理系统功能齐全，涌现出一批骨干专业技术公司，所涉及的地下管线相关技术处于不断发展之中，地下管线产业成为多学科的综合应用产业。一是专业管线运行监管信息的需求；二是我国每年对地下管线材料有着巨大的市场需求；三是非开挖施工技术、修复维护技术、探测技术手段和技术实力增强引发的对国产化装备的需求。

适应地下专业管线运行监管信息的数据需求和地下管线材料的市场需求以及地下管线非开挖施工技术、修复维护技术、探测技术手段和技术实力增强引发的对国产化装备的需求，制定各种鼓励政策，引导和激励各类骨干专业技术公司的成长，促进多学科的综合应用型地下管线产业的健康快速发展。

---

[1] 杨勇. 对管线综合规划设计常见问题的探讨[J]. 建设科技，2006，（11）.

12. 加强地下管线安全中介机构建设

适应地下管线信息化管理专业技术性较强的特点，加快培育和发展地下管线专业咨询中介机构。地下管线建设单位在申请办理建设工程规划许可手续前，必须到地下管线信息咨询机构查询施工范围内地下管线现状资料和规划资料。[1] 专业咨询机构需负责地下管线工程设计施工图文件的协调性审查。

13. 深化地下管线安全专项整治

针对城市地下管网法律法规、档案资料和实际情况是否动态变更管理、管道安全标志和警示标识、管道设施违法违章占压、违法违规开挖工程、管线日常巡查、管线设施维护保养以及应急抢险预案等方面进行整治，建立责任追究制度，对专项整治中发现的各类安全隐患，各地下管线主管部门要督促落实整改，确保所有隐患得到治理消除。

14. 加快社区地下管线安全建设

充分重视城市社区地下管线的规划、设计、施工、竣工验收管理和档案管理，建立严格的图纸会审查、原材料控制验收、施工过程管理（标高位置控制）、隐蔽工程验收和土方回填、资料归档等阶段的严格控制制度，确保地下管线的施工质量，避免发生大的质量事故。

三、保障措施

1. 加强城市地下管线管理立法

法律法规是城市地下管线管理实施的基础，是城市地下管线安全运行的保障。针对目前城市地下管线分属众多单位建设和管理现状，现有法规

---

[1] 资料来源：山东省淄博市城建档案和地下管线管理处.

并没有规定统一监管协调的相关内容。法规要明确对地下管线监管、探测、竣工测量、运行管理、信息管理与共享应用以及城市应急管理等环节的规定，健全关于城市地下管线管理监督的法规，使其更具针对性、操作性、约束性。

2. 加强地下管网理论标准研究

管线的功能安全为：防灾及安全管理满足规定标准，通过合适的技术与管理措施，有效执行系统功能，预防灾害发生或使灾害降低在预定水平之内。

电力、快速交通、通信、煤气是城市居民的日常生活和生产活动的基础，干净水的供应以及废水、污水的排放是维持城市居民生活、保持清洁卫生的居住环境所不可缺少的条件，因此，供电、供水、供气以及排水、交通、通信（电话、电视、网络）是城市居民日常生活中赖以生存的地下管线工程。

设施覆盖范围广，防灾工作非常困难，而且大部分设施分布在地下，检查、修复都比较困难，地震破坏设施的功能恢复需要很长时间，对灾民灾后的日常生活、卫生条件影响较大。

生命线设施牵涉到城市各个部门和每一个家庭，实施统一的防灾行动计划比较困难，管理难度大。

地震破坏带来的损失不仅仅局限于结构本身，同时还会引起严重的次生灾害，如煤气泄漏引起火灾和煤气中毒事故，又如供水系统的瘫痪不但影响灾民的生活，而且也对伤员的救助、灭火消防、灾区的卫生条件等都会带来很大的影响。

生命线设施的工作状态具有网络特点，个别地方的地震破坏会影响到整个系统的功能，经过多年不断扩建所形成的生命线设施抗震性能差异较大，新旧设施维持同等的抗震性能困难。

不同类型的生命线之间相互影响，如电力系统的破坏会引起供水系统的瘫痪，道路交通的中断影响其他生命线设施的修复作业等。

加强管道安全方面的科研工作，对管道腐蚀失效机理进行研究，建立管道及涂层寿命模型，为防腐措施的制定及判废标准的建立提供理论基础，指导生产实践和减少腐蚀损失[1]。加强管道风险、安全评估理论研究，从风险角度对风险分析方法、评价尺度、危险评估等提高理论基础；从日常安全管理角度对可靠性、抗震评价、腐蚀预测、剩余寿命预测提供理论基础。加强管道专业管理和综合管理基础理论研究，创新管道产权制度，明确道路资源和地下空间是政府管理的资源，应加强统筹管理。

统一管线信息系统的数据标准，包括探测数据标准、元数据标准及交换数据标准。完善工程监理、专业管线检测、管道健康评估等城市地下管线专业技术标准。制定各类不同地域城市地下管网的三维空间配置标准。提高城市专项雨水管道的规划设计标准，逐步实现雨污分流。

3. 理顺规划建设管理运营机制

（1）建立统一管理机制

加强管线规划、建设、竣工、档案信息管理等环节管理，逐步形成城市地下管线统一监管机制。各城市应成立城市地下管线规划、建设和管理指导委员会，地方编制《城市地下管线规划管理办法》，确定机构人员构成，并设立日常办公室，其职责是负责城市地下管线技术管理，质量检查；协调管线权属单位、建设单位、探测单位之间的关系，协调各类管线规划、建设与城市道路建设的时序；负责收集城市范围内新增管线的资料和信息，确定今后地下管线管理、普查以及地下管线竣工测量方案；负责建立城市地下管线信息系统以及日后信息系统的管理维护工作，为今后城市地下管线安全工作的顺利实施提供有力的组织保障。[2]

目前一些城市在现有框架体制内做了有益的探索，如长春市成立的"长春市地下管线建设与改造指挥部"，在没有统一的管线工程的审批权、设计的审查权、工程建设的质量监管权、工程竣工的验收权、管线日常维修

---

[1] 李文波，苏国胜. 国外长输管道安全管理与技术综述[J]. 安全健康和环境，2005.

[2] 刘贺明. 城市地下管线规划、建设和管理相关问题思考[J]. 城市管理与科技，2009.

养护的监督权情况下，在其他部门的审批前设置临时管线统筹管理机构，即规划路由审批前到指挥部会签，指挥部同意之后，规划方可进行路由审批；管线工程建设监理可以由指挥部委托，监理单位对指挥部负责，工程验收由指挥部负责，这可能是权宜之计。

（2）规划环节管理机制

将各类地下管线发展规划统一到城市规划范围内，在规划中要明确各类管线的建设时序，要求各类管线的建设时序一定要与城市道路发展规划相一致。同时要对各类管线规划执行情况加强监督检查，对发现不按既定规划要求进行管线建设与管理的，应该采取必要的措施加以纠正。[1] 加强城市道路管理综合规划工作，指导各管线权属单位合理利用城市地下空间资源，合建相同行业的管线，避免各类管线之间及与相关建（构）筑物之间的矛盾，为各类管线的工程设计、施工及管理提供条件和依据。地下管线工程开工前，管线建设单位应按照建设工程规划许可证的要求委托管线测绘单位进行放线，并向规划行政主管部门申请验线，经验线合格后方可开工。

在工程验收方面，必须在地下管线工程完工后覆土前进行规划验收，验收合格的，规划行政主管部门应核发《建设工程规划验收合格证》，验收不合格的，管线建设单位必须按照规划行政主管部门的要求进行整改，整改后重新申请；未经验收或者验收不合格的，不得组织竣工验收。

（3）建设环节管理机制

管线建设单位严格按规定实施，严格按照有关要求履行报批手续，严格按照已经批准的规划和相关的标准规范实施。施工过程中因场地条件或地下空间占用等原因确需变动管线的平面位置、规格等的，必须经原审批的规划行政主管部门批准。有关部门要对管线建设行为加强监督管理，对不履行报批手续、不按照批准的方案施工、随意改变管线方位的行为加大

---

[1] 刘贺明. 城市地下管线规划、建设和管理相关问题思考[J]. 城市管理与科技，2009.

处罚力度。[1]

（4）竣工环节管理机制

地下管线工程完工后，管线管理部门覆土前组织管线竣工的验收，同时管线测绘单位应及时完成地下管线实际线位的测量，并在规定时间内将测绘成果无偿汇交规划行政主管部门。

（5）管网信息管理机制

构建地下管网信息系统一是可以实现传统手工处理方式向现代化信息管理转型，以保证数据的实时更新、有效管理，避免重复收集数据信息；二是可为市政建设提供规划、设计、决策服务；三是可为应对突发事件提供支撑。因此必须加快实现城市地下管线管理数字化、信息化；加快城市地下管线信息化建设进程，整合相应的现有数据信息资源，建立城市地下管线信息公共服务平台，完善地下管线电子档案，借助物联网、传感器等先进技术，建立城市地下管网远程监测体系。

建立信息资源共享机制，明确一家单位来统一建设所有的地下管线信息数据库，各专业管线管理单位负有向管线信息数据库提供、报送管理信息的义务，而且承担报送信息准确性的责任。对于不及时报送信息而造成后续事故的，应承担相应的法律责任。明确管线信息数据库建设单位应履行保密、向各管线权属单位及管线规划、建设、施工等单位提供信息咨询的义务。特别要明确对不按规定提供、报送档案信息资料的处罚措施。[2]

（6）管网运营管理机制

管线权属单位应对所属地下管线及其附属设施的安全运行负责，并履行以下职责和义务：①建立地下管线巡查记录，记录内容应有巡查时间、地点（范围）、发现问题与处理措施、上报记录等；②组织编制实施地下管线年度维修计划，定期排查和消除地下管线安全隐患，上报行业行政主管部门并接受监督检查；③制定管线故障应急抢修预案，落实抢修设备、

---

[1] 刘贺明. 城市地下管线规划、建设和管理相关问题思考[J]. 城市管理与科技，2009.

[2] 刘贺明. 城市地下管线规划、建设和管理相关问题思考[J]. 城市管理与科技，2009.

物资和人员等，并报行业行政主管部门备案；④加强日常维护，保持管线及其附属设施完好、安全，发现丢失、破损、老化的，应当立即补装、更换或维修。

4. 提升城市地下管网监造技术

研究市政公共管廊的建设和管理，研究推广共同沟建设经验。

研究地下管网安全性评价与修复技术，提高地下管线的安全预警能力。

加快地下管线检测手段和方法现代化的研究，提高地下管线检测准确性和精度。

研发新材料，尤其管线柔性接口和抗震强的管材，提高地下管网的抗灾害能力。

大力推进城市地下管线探测、在线检测自动化与智能化。

5. 编制城市地下管线应急预案

加快研究城市地下管线安全风险评价技术体系，构建城市地下管线预警应急系统，建立完善城市地下管线安全预警与应急机制。

成立地下管线应急救援组织机构，对地下管线可能发生的类型、地点进行危险辨识，针对事故影响范围和可能影响的人数进行风险评价。确定通告程序和报警系统，预先制定应急设备与设施方案，包括掌握有关部门如企业、武警、消防、卫生、防疫等部门可用的应急设备，了解与有关医疗机构（急救站、医院、救护队等）的关系及可用的危险监测设备等。确定决定地下管网事故的负责人、评价危险程度的程序、评估小组的能力、评价危险所使用的监测设备以及外援的专业人员。确定保护措施程序，指定负责执行和核实疏散居民（包括通告、运输、交通管制、警戒）的机构，对特殊设施和人群（学校、幼儿园、残疾人等）的安全保护措施。应急机构向媒体和公众发布事故应急信息的决定方法；为确保公众了解如何面对应急情况所采取的周期性宣传以及提高安全意识的措施。指定事故后的恢复程序，对应急人员进行培训、确保合格者上岗；制订年度培训、演练计划；

对应急预案进行定期检查；通信系统检测的频度和程度；对公众通告测试的频度和程度及效果进行评价；对现场应急人员进行培训和更新安全宣传材料的频度和程度。

6. 加强地下管网安全宣传教育

加大城市地下管网安全宣传教育力度，普及安全知识，增强全民安全意识，大力宣传有关安全管理法规，尤其是对天然气、管道煤气、液化石油气等的使用安全常识宣传。对典型事故案例及违章现象进行宣传曝光，从中汲取教训。加强对职工遵章守纪宣传的教育，增强安全责任感及自我保护意识，形成人人关心安全，事事讲安全的氛围，从根本上杜绝各类事故的发生。

7. 提高从业人员管理建设水平

强化学历教育，全面提升文化层次。通过加强学历教育，使全体管理技术人员的文化程度再上一个新台阶，文化知识水平全面提高。

强化专业技术和岗位技能培训，使全体管理技术人员达到专业技术熟练、业务精通的水平，熟练掌握新理论、新知识、新技术。

建立管理和专业技术人员岗位证书制，各岗位管理和专业技术人员，必须具备相关学历证书、专业技术任职资格证书、岗位培训证书等岗位适应性培训证书，持证上岗。

进一步深化人事制度改革，建立科学规范的选人用人机制和科学有效的激励约束机制。

8. 确定地下管网投资建设主体

由于城市地下管线的公益性和非排他性，政府成为提供其建设资金的主体和中介。国际经验显示，大约90%的基础设施资金来自政府，政府应直接或间接投资并控制运营企业生产，对非经营性和社会效益大的项目完全纳入政府预算。国家应加大对城市地下管网改造和信息化管理系统建设的资金支持力度，使城市地下管网系统的综合服务能力和安全性得到迅速提高。建议国家尽快出台有关城市地下管网建设投融资政策，增加城市债券发行额度、贴息贷款等积极的政策和措施，支持城市地下管网建设。

四、行动计划

1. 地下管线理论发展与创新工程

加强管道安全方面的科研工作，对管道腐蚀失效机理进行研究，建立管道及涂层寿命模型，为防腐措施的制定及判废标准的建立提供理论基础，指导生产实践和减少腐蚀损失。[1]

加强管道风险、安全评估理论研究，从风险角度对风险分析方法、评价尺度、危险评估等提高理论基础；从日常安全管理角度对可靠性、抗震评价、腐蚀预测、剩余寿命预测提供理论基础。

加强管道专业管理和综合管理基础理论研究，创新管道产权制度，明确道路资源和地下空间是政府管理的资源，应加强统筹管理。

2. 重大地下管线危险源监控与重大管线事故隐患治理工程

开发管道自动监测系统，提高在役管线安全控制水平，能根据管线压力波动等趋势，快速判断输送状况、管道泄漏状况和泄漏位置。

3. 地下管线信息化建设工程

开展城市地下管线普查工作，建设城市统一的地下管线信息管理平台，加强地下管线档案管理工作，建立城市地下管线数据库，实行动态更新管理。

---

[1] 李文波，苏国胜. 国外长输管道安全管理与技术综述[J]. 安全健康和环境，2005（1）.

4. 地下管线监管手段创新工程

严格控制供热地下管线施工质量，因地制宜地选择管道材料及保温材料，加强验收检查，从源头控制。

规划设计单位对地下管网设计深度的延伸，实施三维定位。施工前设计单位、管线信息管理单位参与现场施工放线，建立各管线单位施工会签制度。

健全日常监管机制，加强规划、施工的质量监督。

促进地下管线形成和移交的各个环节和流程，将地下管线档案验收纳入项目竣工验收范围，把形成和移交地下管线档案与资产移交放在同等重要的位置。

建立重大管线标识制度。建立信息共享机制，实现地下管线安全的精细化管理。针对地下管线的全过程建立责任追究奖惩考核机制。

5. 地下管线安全专业人才及培训基地建设工程

继续在中国城市规划协会管线专业委员会确定的中国地质大学（武汉）信息工程学院、保定工业技校（技工）、济南冶金学院（大专）等地下管线专业委员会人才培养教育试点单位的基础上实施"校校联合"和"校企联合办学"的新模式。

6. 地下管线安全文化创新工程

地下管线安全文化具有对安全建设、运营、管理的导向作用、激励作用和凝聚、协调与控制作用。人本规划、建设、运营管理思想是地下管线安全文化创新的核心。建设地下管线博物馆。创新的地下管线安全文化是以社会责任为前提，实施高效的安全生产管理，创造良好的学习氛围，规范行为标准化，管理体系按程序运作，政出一门，部门之间相互协调。